内江师范学院“应用经济学”一流学科建设项目（xkdm0202）
四川省社科规划项目基地重大项目（SC20ED019）
四川省社会科学重点研究基地项目重点项目（TJGZL2020-02）
内江师范学院博士科研启动费项目（18B08）

经济管理学术文库 • 经济类

农业非点源污染研究

——以沱江流域为例

Research on Agricultural Non-Point Source Pollution
—Take Tuojiang River Basin as an Example

唐洪松　李倩娜／著

经济管理出版社
ECONOMY & MANAGEMENT PUBLISHING HOUSE

图书在版编目（CIP）数据

农业非点源污染研究：以沱江流域为例/唐洪松，李倩娜著．—北京：经济管理出版社，2021.6

ISBN 978-7-5096-8056-8

Ⅰ.①农… Ⅱ.①唐… ②李… Ⅲ.①长江流域—农业污染源—非点污染源—污染控制—研究 Ⅳ.①X501

中国版本图书馆 CIP 数据核字(2021)第 115277 号

组稿编辑：郭　飞
责任编辑：曹　靖　郭　飞
责任印制：黄章平
责任校对：陈　颖

出版发行：经济管理出版社
（北京市海淀区北蜂窝 8 号中雅大厦 A 座 11 层　100038）
网　　址：www. E-mp. com. cn
电　　话：（010）51915602
印　　刷：唐山玺诚印务有限公司
经　　销：新华书店
开　　本：720mm×1000mm/16
印　　张：12.5
字　　数：225 千字
版　　次：2021 年 11 月第 1 版　　2021 年 11 月第 1 次印刷
书　　号：ISBN 978-7-5096-8056-8
定　　价：88.00 元

前　言

1962 年，美国生物学家蕾切尔·卡逊出版《寂静的春天》一书，描写因过度使用化学药品和肥料而导致的环境污染和生态破坏，从此唤起了全世界对农业环境污染的关注。20 世纪 90 年代初，我国杭州湾发生了以化肥和畜禽粪便为主要污染源的水体污染事件，首次敲响了我国农业环境污染治理的警钟。2018 年，中共中央、国务院出台了《国家乡村振兴战略规划（2018～2022 年）》，对乡村振兴战略提出了“产业兴旺、生态宜居、乡风文明、治理有效、生活富裕”的总体要求。2018 年 2 月，国务院办公厅印发了《农村人居环境整治三年行动方案》，对农村人居环境整治的任务和计划做了详细的部署。可见，中央政府把农村环境治理保护问题摆在了新的历史高度。

沱江是长江上游的重要一级支流，流经之地是四川盆地土地肥沃、人口稠密、开发较早的地区，是四川省人口密度最大、城市分布最密集、经济社会最发达的地区，但也是四川省污染最严重的河流。农业非点源污染是沱江主要污染源构成之一，加强农业非点源污染治理对于加强建设长江上游生态屏障、推动流域生态文明建设和高质量发展具有重要的意义。

本书共分为 9 章，每章内容具体如下：

第 1 章绪论。介绍了本书的研究背景，梳理了国内外研究进展，阐明了研究意义及目标，介绍了本书的研究内容和研究方法。

第 2 章沱江流域自然环境与经济社会发展概况。介绍了沱江流域自然地理概况、主要水系、经济发展与社会发展概况。

第 3 章沱江流域农业经济发展概况。介绍了沱江流域农业生产现状、种植业发展、养殖业发展及农业经济发展概况。

第 4 章沱江流域农业非点源污染环境风险评价。运用系数法构建数学模型估算沱江流域化肥施用和养殖粪污排放强度，评价其环境风险，并对环境风险进行空间区划，识别优先治理区域。

第 5 章沱江流域农业非点源污染与农业经济增长的关系。运用 EKC 模型分析化肥施用强度、养殖粪尿排放强度与农业经济增长的非线性倒“U”型关系，判断农业非点源污染强度的极值；运用脱钩模型分析化肥施用量、养殖粪尿排放量增长速度与农业经济增长速度的比值关系，判断两者之间的脱钩类型。

第 6 章沱江流域农业非点源污染治理过程中的农户行为分析。通过问卷调查，统计分析沱江流域沿线农户化肥施用、养殖废弃物资源化利用、生活垃圾分类和生活污水治理等的认知及其行为特征。

第 7 章沱江流域农户农业非点源污染治理行为的影响因素分析。运用双栏模型研究农户行为影响因素，分析影响因素的作用程度和作用方向。

第 8 章沱江流域农业非点源污染治理的措施建议。综合本书理论研究和实证研究的结果，提出了沱江流域农业非点源污染治理的具体措施。

第 9 章研究结论与研究展望，总结了本书的研究结论，并进行展望。

农业非点源污染源类型复杂，如何实现农业非点源污染源高效治理，是一个具有挑战性的研究和实践。本书对此仅做了粗浅的研究，对于论题还有很多研究工作要做，由于研究水平有限，书中观点、内容等可能存在一些不当之处，恳请同仁和读者包涵并指正。

唐洪松

2021 年 4 月

目　录

第1章 绪论

1.1 研究背景

农业非点源污染是指在农业生产与人们的生活中，土壤泥沙颗粒、氮磷等营养物质、农药等有害物质、秸秆农膜等固体废弃物、畜禽养殖粪便污水、水产养殖饵料药物、农村生活污水垃圾、各种大气颗粒物等，通过地表径流、土壤侵蚀、农田排水、地下淋溶、大气沉降等形式进入水、土壤或大气环境所造成的污染。20 世纪 90 年代初，杭州湾发生了以化肥和畜禽粪便为主要污染源的水体污染事件，首次敲响了我国农业环境污染治理的警钟。21 世纪初期，我国太湖流域、滇池流域、淮河流域等地区遭受了前所未有的农业环境污染。全国第一次污染源普查数据显示，自 2007 年以来，农业领域的 COD、TP、TN 约占 50%。由于农业非点源污染具有广泛性、潜伏性、随机性、分散性、长期性等特点，治理难度相当大。

近年来，党中央提出的低碳发展、生态发展、循环发展、生态文明、绿水青山就是金山银山等理念成为农业非点源污染治理的指导思想。党中央颁布的《农田灌溉水质标准》《农药安全使用标准》《农业环境保护工作条例》《农业环境监测条例》《土地管理法》《草原法》《渔业法》等法律法规对农业非点源污染防治进行了规定。党中央出台的退耕还林政策、沼气池建设补贴政策、测土配方肥补贴政策等都是农业非点源污染治理的相关政策。党的十八大以后，中央政府密集出台了农业农村污染治理的相关政策，如 2017 年 6 月 12 日国务院办公厅发布了《关于加快推进畜禽养殖废弃物资源化利用的意见》，2018 年 2 月，中共中央办公厅、国务院办公厅印发了《农村人居环境整治三年行动方案》。党的十九大报告也进一步明确要求，“加强农业面源污染防治，开展农村人居环境整治行动”，标志着我国对农业农村环境的治理进入一个新阶段。但是农业生产和污染防治矛盾尖锐、农村地区环境基础设施建设严重滞后、农民缺乏环境保护意识等问题依然突出，农业环境污染治理任重道远。

沱江是长江上游的重要一级支流，沿途流经德阳市、成都市、资阳市、内江市、自贡市、泸州市等市，全长 638 千米，全流域面积 3.29 万平方千米。沱江流域所经之地是四川盆地土地肥沃、人口稠密、开发较早的地区，是四川省人口密度最大、城市分布最密集、经济社会最发达的地区，也是四川省特色农业资源较为丰富的地区之一。在农村经济快速发展过程中，化肥、农药等化学品的施用、养殖废弃物的排放、农村生活污染排放成为沱江流域最大的污染来源，是水体质量不断下降的重要原因之一，已经严重影响了长江流域上游生态安全，成为长江上游生态压力的“孕育区”、生态需求的“首位区”、生态建设的“主战区”。由水环境污染引起的经济、社会、生态之间的深刻矛盾愈演愈烈，给沿岸地区社会经济可持续发展带来了严峻的挑战，沱江流域水环境综合治理工作已经到了刻不容缓的地步。2017 年 11 月，国家发展改革委办公厅正式批复同意沱江流域（内江市段）作为首批流域水环境综合治理与可持续发展试点流域。2018 年 7 月，沱江流域水污染防治专家顾问团宣告正式成立。2018 年 9 月，成都市、自贡市、泸州市、德阳市、内江市、眉山市和资阳市 7 个沱江流域市签署了《沱江流域横向生态保护补偿协议》，这些行动证明了中央政府、四川省政府和地方政府在沱江流域水环境综合治理上已经达成了共识。农业非点源污染是沱江流域水环境污染的主要来源之一，也必将成为水环境综合治理的重要内容。因此，分析沱江流域农业非点源污染的环境风险、农户行为、提出治理措施显得尤为迫切和重要。

1.2 研究综述

20 世纪 70 年代，美国率先开展农业面源污染研究，随后各国相继跟进，经过几十年的发展，研究成果数量繁多且总量仍在快速增长（曹文杰和赵瑞莹，2019）。早期学者较为关注农业非点源污染的概念及其计算方法，随着研究的不断深入，农业非点源污染的形成机理和治理措施成为研究重点，而且研究领域和区域逐渐细化，农户行为对农业非点源污染的影响备受学术界关注。下文从农业非点源污计算模型、形成机理及治理措施几个方面展开文献综述。

1.2.1 农业非点源污染计算模型

农业非点源污染具有多源性、排放源头不明晰、污染分布广的特点，因此，对于农业非点源污染的核算一直是学术界不断研究的方向，针对水土流失、氮磷流失等不同的污染源以及不同区域自然社会条件的不同，提出了多种计算农业非点源污染负荷的计算模型。国外主要包括 AGNPS 模型（Young R A 等，1989；Ambus P 和 Lowrance R，1991）、GIS 技术与 AGNPS 模型（Tim US 和 Jolly R，1994；Carpenter S R 等，1998）、水文调控模型（Heathwaite A L 等，2005）、连通性模拟技术（Gassman P W 等，2007）、SWAT 模型（James E 等，2007）、BMPs 技术（Meals D W 等，2010；Vero S E 等，2018）等。我国学者在国外学者的基础上，结合我国国情提出 4R 模型（杨林章等，2013；施卫明等，2013）、EC－IFBLMOP 模型（Cai Y 等，2018）、DPeRS 面源污染估算模型（冯爱萍等，2019）、SWAT 模型（Chen Y，2019）等计算方法。总体上看，随着研究的不断深入，3S、计算机等先进技术也不断被引进到农业非点源污染计算模型中，且模型计算更加的科学和精准。运用这些计算模型，从不同层面分析了农业非点源污染负荷特征（Gburek W J 等，2000；Ayub R 等，2019）。较多学者对总氮（TN）、总磷（TP）负荷量进行估算并解析不同污染来源的构成（耿润哲等，2013；谭心等，2018；张芋茵等，2020；马睿等，2020）。

1.2.2 农业非点源污染形成机理

农业非点源污染形成机理较为复杂，总体上来说，受自然干扰和人类活动两大因素的影响。但归根结底许多自然因素的变化也是由于人类活动引起的，可以说，人类活动对农业非点源污染的影响更为深刻和长远。从农业非点源污染与自然环境的相互作用的关系来看，可分为地形地貌、植被、气候以及水文等因素，这些因素都通过影响径流来影响农业非点源污染（蒋金等，2012；李俊奇等，2015；洪国喜等，2019）；从农业非点源污染与人类活动相互作用的关系来看，可分为土地利用方式（TANG Pan 等，2018；耿润哲等，2015；纪仁婧等，2020）、农药和化肥的使用方式（Arisekar U 等，2021；程铖等，2021；文方芳等，2021；高莹等 2021）、废弃物处理的方式等因素（丛宏斌等，2020）；从农业非点源污染与社会相互作用的关系来看，可以分为经济、技术、思想观念等因素（Antle J M 和 Heidebrink G，1995；Zhang T 等，2014；陈栋等，2018；尚杰等，2019；宋文等，2020；闫明涛等，2021）。农户行为对农业非点源污染影响的研究主要集中在化肥和农药施用行为、养殖废弃物资源化利用行为（MA L 等，2014；ZHANG J 等，2017；吕晓等，2020；刘畅等，2021；Colman David 等，1994；宾幕容等，2017；唐洪松和彭伟容，2020）。相关研究表明，农户认知、个体特征（性别、职业、年龄、文化等）、家庭特征（家庭人口数、家庭收入、物质资本等）等内部因素对其行为有显著影响；社会关系（邻里关系、社会信任等）、环境规制（法律、政策、制度等）、市场体制（治理技术、水价、环境友好型产品等）、自然环境等外部因素对其行为有显著影响（肖新成，2015；吕齐和李良睿，2020；龙云和夏胜，2020；华春林和张灿强，2016）。

1.2.3 农业非点源污染治理对策

目前，防治农业非点源污染成了乡村振兴、生态文明建设、高质量发展的着重点，结合发达国家治理农业非点源污染的经验，我国也采取了许多措施来预防和治理农业非点源污染，主要有技术措施、经济政策措施、法律法规措施等。在技术措施方面，国外主要通过广泛推行农田的最佳养分管理（张维理等，2004），细分来看，主要包括过程拦截技术，如植草沟、植物篱和植被缓冲带等（戈鑫等，2018；张雪莲等，2019），末端治理技术，如人工湿地、物理过滤池和景观绿地等（Li D 等，2019；朱金格等，2019），新型改进技术，如人工湿地—稳定塘、重力沉砂过滤池、旋流分离器等（李丽和王全金，2016；刘楠楠等，2019）。在经济政策措施方面，主要包括补贴政策、税费政策等（Shortle J S 和 Horan R D，2001；Camacho - Cuena E 和 R Equate T，2012；Shortle J S 和 Horan R D，2013；Fünfgelt J 和 Schulze G G，2016；周志波和张卫国，2017；郑云虹等，2019；左喆瑜和付志虎，2021）。在法律法规措施方面，主要包括专项规划、法律条例、规范性文件等（周黎，2017；杨育红，2018）。

1.2.4 沱江流域相关研究

1.2.4.1 沱江流域自然地理特征的研究

流域的自然特征包括地质、地貌、气候、水文、土壤、生物等方面。目前，关于沱江流域自然地理的研究主要集中在水文、土壤和植被三个方面。在流域水文研究方面，一些学者对沱江流域径流进行了相关研究。邓慧平和唐来华

(1998) 运用流域水量平衡模型和未来气候情景模型对沱江流域水量平衡变化进行了计算。蒋乾 (2012) 分析了沱江流域20世纪中后期径流变化。在流域土壤研究方面，主要关注了流域土壤有机碳、土壤有机质、土壤侵蚀度三个方面。仇开莉等 (2013) 研究了沱江流域内江市段不同土壤有机碳含量。李春艳等 (2007) 研究了沱江流域不同土地利用方式紫色土有机碳储量。李婷等 (2011) 研究了沱江流域中游土壤有机质分布的影响因素以及土壤侵蚀度。在流域植被研究方面，主要关注了流域植被覆盖度及其结构特征。刘兴良等 (1997) 研究了沱江流域清水河支流次生植被生物量及其分配规律。陈文年等 (2011) 从温度、风速、光照三个方面研究了沱江流域低山区马尾松和湿地松人工林在小气候因子上的差异，从种群多样度、高度、郁闭度、生物产量等方面对比分析了流域湿地松林和马尾松林群落的结构差异，采用空间代替时间的方法研究了沱江流域人工墨西哥柏林演替系列上的物种多样性。杜艳秀等 (2015) 运用相关性分析法分析了沱江流域2001~2008年植被NDVI和气候因子的响应关系。

1.2.4.2　沱江流域生态环境污染与防治的研究

早在20世纪80年代就有学者关注了沱江流域的污染防治问题（丁朝中，1983；徐富华，1982）。随着沱江流域社会经济的不断发展，流域内重金属污染、化工污染、农业面源污染等生态环境问题越来越突出，尤其是2004年沱江流域两次重大污染事件，对沱江流域的生态环境、居民生活都造成了极大的影响，促进了学术界对沱江流域水环境污染、水环境质量评价与水环境治理等方面的研究。

在流域水环境污染研究方面。关注的热点包括重金属污染、氨氮污染、农业面源污染三个方面。对于重金属污染的研究，主要是分析水环境中重金属的污染的特征。吴怡等 (2010) 对沱江流域成都市金堂县、简阳市、内江市三地河流沉积物中重金属Pb和Cd含量及其时空分布特征进行了研究。李佳宣等 (2010) 研究了沱江流域水系沉积物重金属的来源与分布情况。王新宇等 (2013) 研究了四川清平磷矿开发对沱江水系铀的贡献情况。林清等 (2016) 研究了沱江流域上游水系沉积物重金属元素空间分布特征。对于氨氮污染的研究，一些学者分析了水环境中氨氮含量。范兴建等 (2009) 测算了沱江流域资阳段水环境COD和NH_3-N的环境容量。刘霞等 (2018) 采用分光光度法针对沱江流域金堂地区冬季沉积物，开展了河流沉积物中总氮（TN）、可交换态氨氮（AN）、有机氮（ON）赋存状态分析，并对比了十年前后该地沉积物中氮赋存状态的变化情况。

在流域水环境质量评价方面。沱江流域水体存在严重的重金属污染、氨氮污染和农业面源污染已经得到多数学者的研究证实，所以一些学者就沱江流域水体污染的危害程度和风险等级进行定量评价。孟兆鑫等（2009）构建了生态安全评价指标体系，采用层次分析、时间序列预测、模糊综合评判、主成分分析方法对流域2010年、2015年和2020年的生态安全状态进行评价与预警研究。谢贤健和兰代萍（2009）采用因子分析评价的方法，对沱江流域15个地表水监测断面的水质状况进行了综合评价。杜明等（2016）采用单因子指数法评价了沱江流域干流及其支流水质现状，探讨了沱江干流水质沿程变化和可能影响因子。这些研究均表明在沱江流域的不同区段和时间段内，流域水环境质量存在较大差异。总体上看，沱江流域水环境质量较差，中下游区段生态安全明显劣于上游区段。

在流域水环境污染防治研究方面。一些学者从宏观管理层面提出了一些防治沱江流域水环境污染的措施。余恒等（2015）建议在沱江流域的断面上采用上下游联合监测的方式开展水质生态补偿工作。孟兆鑫等（2009）针对沱江流域农业面源污染的来源提出了植被修复、技能培训、优化土地利用结构、生物防治等防治措施。

1.2.4.3　沱江流域人口与经济发展的研究

流域内的人地关系、制糖经济也得到了一些学者的关注。在流域人地关系研究方面，兰代萍和谢贤健（2013）研究了沱江流域产业结构与土地利用结构的关系，分析了各县市的各类产业用地的结构特征，用地均产值（VA）指标分析了各类产业的用地效益。王海力等（2017）运用多源遥感数据和DEM对沱江流域人口分布与地形起伏度的关系进行实证研究。谢贤健（2011）从城市人口、经济、社会、地理空间4个方面构建了衡量区域城市化水平的指标体系，同时运用R型因子分析方法对沱江流域5个地市10年内的城市化水平进行了综合评价。在沱江流域制糖业研究方面，刘志英（1998）研究了沱江流域制糖工业的兴衰历史，剖析了沱江流域制糖业兴盛和衰落的内在社会条件和矛盾。朱英等（2011）研究了1900～1949年沱江流域糖品流动情况。胡丽美（2007）研究了抗战时期沱江流域（内江市）蔗糖纠纷历史。赵国壮（2010）研究了四川沱江流域糖业经营方式。

1.2.4.4　沱江流域农业面源污染的研究

主要关注的是农业面源污染的来源及影响因素。胡芸芸等（2015）研究了沱江流域农业、农村面源污染，研究均指出滥用农业生产资料、畜禽养殖废水排放、农村生活污染以及水土流失是造成面源污染的主要原因，使沱江流域水体内化学需氧量COD、TN和TP含量进一步上升，加剧了水环境质量的恶化。唐洪松

(2020) 估算了沱江流域各区（县、市）2017 年的畜禽粪尿及污染物排放量和排放强度，根据耕地理论养殖污染物承载能力分析了环境污染风险等级。唐洪松(2020) 研究了沱江流域农户养殖废弃物治理意愿。

1.2.5 研究评述

国内对于沱江流域的研究可以追溯到 20 世纪 80 年代，研究内容体现在流域内自然地理、流域生态环境污染与防治、流域人口经济发展三个方面，这些研究积累对今后探索和研究沱江流域奠定了一定基础。但总体上来看，研究领域多集中在自然科学领域，人文社科领域的研究还较为欠缺；现有研究缺乏整体性、系统性、连续性；研究内容较为分散、零乱、不成体系，未形成鲜明的主题研究领域和丰富的研究成果。流域是自然、社会、经济的综合体，是多个学科领域的辩证统一，许多研究领域亟待学者去挖掘和探索。国内外关于农业非点源污染的研究成果丰硕，但是关于沱江流域农业非点源污染的研究还处在起步阶段，尤其沱江流域农业非点源污染治理的农户行为还未看到相关研究报道。

1.3 研究意义及研究目标

1.3.1 研究意义

综观人类文明发展史可发现，人类文明因流域而生、流域而盛、流域而衰（四大文明古国的兴衰），如何处理好流域经济发展与开发保护之间的关系成为流域可持续发展的关键。流域经济学、流域管理学等学科在此背景下应运而生，流域开发利用与治理保护的相关研究也取得了丰硕成果，但中国河湖库众多，流域区情复杂，在我国西部沿江地区的流域开发保护与经济社会协调发展实践的相关科学研究仍然不足。本书以长江流域一级支流沱江为例，研究沱江流域农业非点源污染的环境风险、识别农户行为、提出治理的对策建议，从中提炼和概括出具有普遍意义的科学理论，进一步丰富、发展、完善、补充流域绿色发展和协调发展理论体系，既有利于拓展流域经济发展与流域开发保护等相关研究内容，也有利于推动我国流域经济学、流域管理学等学科的建设和发展，进而为四川流域发展和国家流域治理提供强有力的科学理论支撑。

沱江流域内农业经济发展强劲、农村人口规模大、农业面源污染严重（胡芸芸等，2015），在我国经济发展由高速度向高质量转变的新时期，迫切需要提出农业面源污染治理的对策。本书紧扣党中央关于新发展理念、生态文明建设的重要论断，对沱江流域农业非点源污染的环境风险、农户行为进行研究，对推进沱江流域综合治理实践的落实有重要的指导意义，同时，对西部沿江地区流域经济发展与开发保护的应用实践有重要借鉴意义。

1.3.2 研究目标

第一，通过统计数据和部门调查，把握沱江流域农业非点源污染状况及环境风险，并实证分析农业非点源污染的驱动因素，从宏观层面摸清沱江流域农业非点源污染整体情况。

第二，通过对沱江流域沿线地区农户的问卷调查，以统计分析手段分析农户农业非点源污染的认知、生产生活行为、治理行为，并揭示农户行为的影响因素。

第三，基于实证研究结果，提出沱江流域农业非点源污染治理的对策建议。

1.4 研究内容与研究方法

1.4.1 研究内容

第1章绪论。介绍了本书的研究背景，梳理了国内外研究进展，阐明了研究意义及目标，介绍了本书的研究内容和研究方法。

第2章沱江流域自然环境与经济社会发展概况。介绍了沱江流域自然地理概况、主要水系、经济发展与社会发展概况。

第3章沱江流域农业经济发展概况。介绍了沱江流域农业生产现状、种植业发展、养殖业发展及农业经济发展概况。

第4章沱江流域农业非点源污染环境风险评价。运用系数法构建数学模型估算沱江流域化肥施用和养殖粪污排放强度，评价其环境风险，并对环境风险进行空间区划，识别优先治理区域。

第5章沱江流域农业非点源污染与农业经济增长的关系。运用EKC模型分

析化肥施用强度、养殖粪尿排放强度与农业经济增长的非线性倒“U”型关系，判断农业非点源污染强度的极值；运用脱钩模型分析化肥施用量、养殖粪尿排放量增长速度与农业经济增长速度的比值关系，判断两者之间的脱钩类型。

第6章沱江流域农业非点源污染治理过程中的农户行为分析。通过问卷调查，统计分析沱江流域沿线农户化肥施用、养殖废弃物资源化利用、生活垃圾分类和生活污水治理等的认知及其行为特征。

第7章沱江流域农户农业非点源污染治理行为的影响因素分析。运用双栏模型研究农户行为影响因素，分析影响因素的作用程度和作用方向。

第8章沱江流域农业非点源污染治理的措施建议。综合本书理论研究和实证研究的结果，提出了沱江流域农业非点源污染治理的具体措施。

第9章研究结论与研究展望，总结了本书的研究结论，并进行展望。

1.4.2　研究方法

第一，文献研究法。运用文献研究法，通过中国知网、Web of Science、Science Direct 等国内外文献数据库，系统梳理国内外相关研究成果，为本书研究思路的形成、研究内容与研究方法的匹配提供依据。

第二，实地调研法。通过对流域沿线农户的问卷调查，统计分析农户环境认知、污染行为及治理行为。

第三，计量模型法。运用排放系数模型估算农业非点源污染规模，分析污染排放强度，评价环境污染风险；运用 EKC 模型分析化肥施用强度、养殖污染排放强度与经济增长之间的非线性倒“U”型关系；运用脱钩模型分析化肥施用规模、养殖污染排放规模增长速度与经济增长的关系；运用双栏模型分析农户行为的影响因素。

第2章　沱江流域自然环境与经济社会发展概况

2.1　沱江流域自然地理概况

2.1.1　地理位置

沱江是长江上游一级支流，流域地理坐标为东经 103°38′~105°50′，北纬 27°50′~31°41′。发源于川西北九顶山南麓，绵竹市断岩头大黑湾。南流到金堂县赵镇接纳沱江支流——毗河、青白江、湔江及石亭江四条上游支流后，穿龙泉山金堂峡，经简阳市、资阳市、资中县、内江市等至泸州市汇入长江，全长 638 千米，流域面积 3.29 万平方千米。

2019 年，四川水利厅公布了沱江流域四川段范围，如表 2-1 所示。沱江流域在四川段主要涉及成都市、自贡市、泸州市、德阳市、内江市、乐山市、宜宾市、眉山市和资阳市、阿坝州 10 个市（州）的 44 个区（县、市）及技术开发区。其中，内江市、自贡市、德阳市、资阳市在沱江流域的面积最广，面积占比分别为 95.82%、72.79%、61.67% 和 62.94%，乐山市和阿坝州在沱江流域的面积较小，面积占比分别仅有 0.47% 和 0.05%。实际上沱江流域还包括重庆市大足区、荣昌区的大部分地区。

表2-1　沱江流域四川境内范围　　单位：平方千米，%

市（州）	面积	面积占比	区（县、市）	面积	面积占比
阿坝州	42.48	0.05	茂县	42.44	1.09
德阳市	3645.16	61.67	旌阳区	587.84	90.71
			中江县	439.23	19.96
			罗江区	60.58	13.54
			广汉市	548.80	100.00
			什邡市	819.85	99.98
			绵竹市	1188.86	95.38
成都市	6374.92	44.47	金牛区	33.65	30.84
			成华区	44.38	40.84
			龙泉驿区	430.65	77.53
			青白江区	378.63	100.00
			新都区	487.08	97.95
			金堂县	1153.60	99.81
			都江堰市	169.95	14.06
			彭州市	1417.74	99.76
			高新区	473.79	82.73
			简阳市	1735.13	99.75
			郫都区	48.17	12.04
			天府新区	2.15	0.37
资阳市	3616.69	62.94	雁江区	1632.34	100.00
			安岳县	1103.27	41.02
			乐至县	881.06	61.86
乐山市	59.51	0.47	井研县	59.51	7.08
眉山市	1940.77	27.19	仁寿县	1940.77	74.41
内江市	5159.68	95.82	市中区	347.77	100.00
			东兴区	1119.98	100.00
			威远县	1064.32	82.54
			资中县	1735.02	100.00
			隆昌市	793.82	100.00
			经开区	38.34	100.00
			高新区	60.44	100.00

续表

市（州）	面积	面积占比	区（县、市）	面积	面积占比
自贡市	3188.23	72.79	自流井区	100.37	76.97
			贡井区	330.25	80.72
			大安区	400.96	100.00
			沿滩区	430.66	100.00
			荣县	526.79	32.81
			富顺县	1337.83	99.71
			高新区	61.38	100.00
宜宾市	332.54	2.51	翠屏区	91.02	6.74
			南溪区	157.28	23.25
			江安县	84.24	9.40
泸州市	1216.1	9.94	江阳区	169.73	26.09
			龙马潭区	168.34	50.64
			泸县	878.02	57.41

资料来源：四川水利厅。

2.1.2 主要水系

沱江从金堂县赵镇三江汇口至泸州河口，称为干流，历史习惯称沱江，全长502.0千米，总落差214.1米，平均比降0.43‰。上游主流为绵远河，赵镇至内江市为中游，长300.0千米，落差146.8米，比降0.49‰，内江市至河口为下游，长202.0千米，落差67.3米，比降0.33‰。沱江流域水系发达，上游支流有绵远河、石亭江、湔江、青白江、毗河呈扇状分布，在平原河渠纵横交织下，形成十分复杂的水网区，其中，毗河、青白江沟通相邻的岷江水系，构成了沱江为不封闭流域的特点，中下游支流与干流呈对称性的树枝状分布，主要支流有绛溪河、球溪河、资水河、濛溪河、大清流河、釜溪河、濑溪河7条。沱江流域内600平方千米以上河流流域特征值如表2-2所示。从流域面积看，釜溪河流域面积最大，青白江最小；从长度来看，濑溪河最长，毗河最短；从河口高层看，石亭江最大，濑溪河最小；从落差来看，釜溪河最大，资水河最小；从多年平均年径流量看，青白江最大，绛溪河最小。

总体上看，沱江多年平均径流深297.6毫米，为四川省多年平均径流深533.8毫米的55.8%，是省内有名的径流低值区。沱江多年平均径流量15.966亿立方米，

偏枯、枯水年占到总年数的50%左右，地表水资源量最大值和最小值变幅达到4.1倍。外来地表水主要为江河过境水，平均每年约88.95亿立方米。

表2-2　沱江流域600平方千米以上河流流域特征值

序号	干支流	岸别	流域面积（平方千米）	河流长度（千米）	弯曲系数	河口高程（米）	落差（米）	平均比降（‰）	流量（立方米/秒）		多年平均年径流量（亿立方米）
									多年平均	最枯	
1	沱江干流	—	27860.0	627.4	—	225.3	4756.7	7.58	432.00	6.720	136.00
2	绵远河	上游	1212.0	129.6	1.28	436.0	3849.0	30.30	15.80	2.450	19.90
3	石亭江	上游	1518.0	113.7	1.37	451.0	3637.0	32.00	33.60	3.200	10.60
4	湔江	上游	1318.0	120.0	1.62	450.0	4362.0	36.40	44.00	2.000	13.90
5	青白江	右	636.5	81.0	—	440.5	270.0	3.33	90.60	0.300	28.60
6	毗河	右	1091.0	64.5	—	436.0	100.0	1.55	28.00	0.150	8.83
7	绛溪河	右	898.0	78.0	2.10	356.5	398.5	5.11	7.44	—	2.34
8	资水河	右	1934.0	142.0	1.85	348.8	96.2	0.68	15.30	—	4.83
9	球溪河	右	2482.0	147.0	2.54	327.6	362.4	2.46	33.20	0.012	10.50
10	濛溪河	左	1445.0	116.0	1.81	300.3	129.7	1.12	13.00	0.800	4.10
11	大清流河	左	1554.0	122.0	2.25	288.0	127.0	1.04	15.80	—	4.98
12	釜溪河	右	3472.0	190.0	2.35	261.5	563.5	2.97	42.40	0.200	13.40
13	濑溪河	左	3240.0	195.0	2.03	233.7	216.0	1.11	37.20	0.060	11.70

资料来源：《内江市沱江流域综合治理和绿色生态系统建设与保护规划纲要（2017—2020）》。

2.2　沱江流域经济发展概况

2.2.1　地区生产总值

沱江流域地区生产总值稳步上升，规模优势显著。近年来，沱江流域经济得到突飞猛进的发展，地区生产总值呈直线上升趋势，近几年增长速度有所放缓，随时间变化的线性回归方程为：$Y = 1073X + 5819.4$（$R^2 = 0.994$）。2018年全流域实现地区生产总值15672.73亿元，较2010年（6638.55亿元）上涨9034.18亿元，年均增长速度为11.34%，基本与全省增长速度持平（11.37%），如表2-3所示。作为成渝城市群主要组成部分，沱江流域是四川省经济活力所在、重心之在，尽管2016~2018年地区生产总值在全省的占比有略微的下降，但其规模优势仍然无法撼动，2018 年全流域地区生产总值占到全省的 38.53%，相对于 2010 年略微下降 0.1%。

表 2-3 沱江流域 2010~2018 年地区生产总值 单位：亿元，%

年份	沱江流域	增速	四川省	增速	沱江流域占四川省的比重
2010	6638.55	—	17185.48	—	38.63
2011	7981.83	20.23	21026.68	22.35	37.96
2012	9287.05	16.35	23872.80	13.54	38.90
2013	10354.00	11.49	26392.07	10.55	39.23
2014	11314.22	9.27	28536.66	8.13	39.65
2015	12062.34	6.61	30053.10	5.31	40.14
2016	12992.94	7.71	32934.54	9.59	39.45
2017	14356.60	10.50	36980.22	12.28	38.82
2018	15672.73	9.17	40678.13	10.00	38.53

资料来源：《四川统计年鉴》（2011~2019）。

沱江流域各区（县、市）地区生产总值均表现为上升的特征。从增长幅度来看，多数区（县、市）涨幅在 100 亿~300 亿元。其中，龙泉驿区、金牛区和成华区排在前三，分别上升 931.96 亿元、694.44 亿元和 558.91 亿元；罗江区、井研县和茂县排在最后三位，分别上升 78.05 亿元、49.54 亿元和 20.01 亿元。从增长速度来看，多数区（县、市）增长速度介于 10%~13%。其中，龙泉驿区、金堂县和沿滩区排在前三，年均增长速度为 17.01%、15.82% 和 15.11%；东兴区、自流井区和郫都区排在后三位，年均增长速度为 7.59%、7.04% 和 5.11%。

总体上看，沱江流域经济发展较好的区（县、市）较为集中分布在沱江中游的成都平原地区，2018 年累计实现地区生产总值 6977.44 亿元，占到整个流域的 44.52%，其中龙泉驿区以 1302.78 亿元位居第一，排在第二和第三的分别是金牛区（1196.94 亿元）和成华区（948.92 亿元）；经济发展较差的区（县、市）主要集中在沱江上游和下游地区，排在后三位的分别是茂县、井研县和罗江区，2018 年地区生产总值分别为 34.40 亿元、96.49 亿元和 126.33 亿元，仅为龙泉驿区的 2.64%、7.41% 和 9.70%。沱江流域的上游地区和下游地区也有个别区（县、市）地区生产总值较高，如德阳市的旌阳区 2018 年实现地区生产总值 630.86 亿元，位居第六；宜宾市的翠屏区 2018 年实现地区生产总值 700.09 亿元，位居第五。具体情况如表 2-4 所示。

表2-4 沱江流域各区（县、市）2010~2018年地区生产总值

单位：亿元，%

市（州）	区（县、市）	2010年	2011年	2012年	2013年	2014年	2015年	2016年	2017年	2018年	占比	涨幅	均速	2018年排位
德阳市	旌阳区	284.87	347.94	381.99	411.85	437.10	456.01	500.08	559.68	630.86	4.03	345.99	10.45	6
	罗江区	48.28	60.14	69.58	75.48	81.52	87.98	97.17	111.30	126.33	0.81	78.05	12.78	37
	中江县	161.91	199.69	226.59	244.35	268.94	287.95	311.15	344.13	390.09	2.49	228.18	11.62	16
	广汉市	180.02	223.55	251.95	274.98	305.01	323.93	355.67	400.09	451.06	2.88	271.04	12.17	12
	什邡市	135.78	167.44	188.61	207.06	220.16	233.82	250.62	284.66	323.76	2.07	187.98	11.47	21
	绵竹市	118.10	146.29	167.71	185.96	201.22	215.37	237.77	260.70	291.77	1.86	173.67	11.97	24
阿坝州	茂县	14.39	21.43	24.89	28.69	31.82	31.92	32.84	33.94	34.40	0.22	20.01	11.51	39
成都市	金牛区	502.50	592.81	694.16	752.49	815.49	875.37	950.05	1061.05	1196.94	7.64	694.44	11.46	2
	成华区	390.01	476.79	555.98	604.48	651.03	693.21	756.20	848.34	948.92	6.05	558.91	11.76	3
	龙泉驿区	370.82	460.32	631.40	837.06	944.60	1002.13	1039.22	1200.88	1302.78	8.31	931.96	17.01	1
	青白江区	199.66	242.70	276.38	301.60	326.54	338.26	367.01	421.52	475.05	3.03	275.39	11.44	10
	新都区	321.34	394.68	456.05	502.75	542.19	582.77	632.17	722.67	799.20	5.10	477.86	12.06	4
	郫都区	389.34	281.74	325.59	360.23	396.66	425.97	462.73	525.03	580.22	3.70	190.88	5.11	7
	金堂县	130.99	164.19	202.30	226.37	252.09	285.10	323.66	374.99	424.07	2.71	293.08	15.82	13
	都江堰市	143.54	176.65	208.18	229.86	251.58	275.38	306.22	348.50	384.80	2.46	241.26	13.12	17
	彭州市	149.21	184.88	213.09	235.69	301.74	333.55	360.73	412.58	411.63	2.63	262.42	13.52	14
	简阳市	203.64	262.96	310.80	344.78	377.22	401.37	365.85	413.69	453.83	2.90	250.19	10.54	11
资阳市	雁江区	214.82	270.66	317.65	351.87	386.97	410.36	445.53	484.81	502.48	3.21	287.66	11.21	8
	安岳县	148.01	185.65	218.12	242.30	263.86	280.60	304.42	327.70	345.01	2.20	197.00	11.16	19
	乐至县	91.67	117.08	138.15	153.41	167.55	178.05	193.49	209.70	219.04	1.40	127.37	11.50	31

续表

市（州）	区（县、市）	2010年	2011年	2012年	2013年	2014年	2015年	2016年	2017年	2018年	占比	涨幅	均速	2018年排位
乐山市	井研县	46.95	57.60	64.80	70.38	75.55	80.80	86.67	90.81	96.49	0.62	49.54	9.42	38
眉山市	仁寿县	179.88	224.04	259.04	284.23	312.47	339.66	367.90	385.79	408.34	2.61	228.46	10.79	15
内江市	市中区	126.85	155.83	175.00	190.06	205.01	215.90	261.37	265.16	277.11	1.77	150.26	10.26	26
	东兴区	127.36	157.44	183.61	200.70	217.44	219.08	210.32	212.13	228.71	1.46	101.35	7.59	29
	威远县	173.01	214.89	244.52	271.90	294.00	294.43	317.36	331.92	350.93	2.24	177.92	9.24	18
	资中县	137.50	172.98	198.04	216.57	234.09	236.12	255.94	256.69	269.99	1.72	132.49	8.80	27
	隆昌市	125.70	155.71	177.02	190.11	206.24	233.04	252.66	265.94	285.00	1.82	159.30	10.77	25
自贡市	自流井区	188.99	223.84	246.84	270.54	284.45	297.29	316.56	313.82	325.65	2.08	136.66	7.04	20
	贡井区	64.43	79.18	91.04	103.02	112.22	120.95	131.93	154.87	165.41	1.06	100.98	12.51	34
	大安区	111.45	134.61	154.69	174.65	186.39	196.95	209.82	212.93	226.46	1.44	115.01	9.27	30
	沿滩区	58.50	71.80	83.35	100.62	110.04	119.96	132.29	166.81	180.27	1.15	121.77	15.11	33
	荣县	103.00	126.17	144.28	160.04	173.43	186.13	201.63	195.19	208.99	1.33	105.99	9.25	32
	富顺县	121.94	149.17	171.00	192.66	206.80	221.79	242.56	268.16	300.58	1.92	178.64	11.94	23
宜宾市	翠屏区	326.07	378.69	429.09	465.49	485.15	511.67	544.86	621.63	700.09	4.47	374.02	10.02	5
	南溪区	55.81	72.85	84.02	92.42	102.03	107.70	116.74	130.06	142.50	0.91	86.69	12.43	36
	江安县	61.62	83.32	95.12	104.87	115.09	122.58	132.70	142.56	154.47	0.99	92.85	12.17	35
泸州市	江阳区	199.80	250.41	285.96	318.06	352.91	400.26	430.32	467.83	500.63	3.19	300.83	12.17	9
	龙马潭区	96.12	124.78	144.90	161.88	180.58	190.15	208.41	227.92	245.33	1.57	149.21	12.43	28
	泸县	134.65	170.94	195.55	214.53	237.03	248.79	280.32	300.45	313.55	2.00	178.90	11.14	22
沱江流域		6638.55	7981.83	9287.05	10354.00	11314.22	12062.34	12992.94	14356.60	15672.73	100.00	9034.18	11.34	—

资料来源：《四川统计年鉴》（2011～2019）。

2.2.2 第一产业生产总值

第一产业是沱江流域社会经济发展的基础产业，近年来得到持续稳步发展，生产总值平稳上升，但受到环保禁养规制的影响，2014～2016年第一产业生产总值增长速度大幅度下降，2017～2018年开始回升。随时间变化的线性回归方程为：$Y=54.91X+849.01$（$R^2=0.923$）。2018年全流域实现第一产业生产总值1345.16亿元，较2010年（802.10亿元）上涨543.06亿元，年均增长速度为6.68%，低于全省增长速度（7.77%）。第一产业生产总值在四川省占有一定优势地位，2018年全流域第一产业生产总值占四川省的30.39%，较2010年下降2.44%，比重呈波动下降的态势，2017年比重最低，为30.04%，如表2－5所示。

表2－5 沱江流域及四川省2010～2018年第一产业生产总值

单位：亿元，%

年份	沱江流域	增速	四川省	增速	沱江流域占四川省的比重
2010	802.10	—	2443.20	—	32.83
2011	955.89	19.17	2937.70	20.24	32.54
2012	1064.79	11.39	3245.94	10.49	32.80
2013	1125.16	5.67	3368.66	3.78	33.40
2014	1153.50	2.52	3531.05	4.82	32.67
2015	1207.45	4.68	3677.30	4.14	32.84
2016	1230.49	1.91	3929.33	6.85	31.32
2017	1280.26	4.04	4262.35	8.48	30.04
2018	1345.16	5.07	4426.66	3.85	30.39

资料来源：《四川统计年鉴》（2011～2019）。

沱江流域沿线各区（县、市）第一产业生产总值呈现三种变化类型，即波动上升型、波动下降型和稳定上升型。具体来看，罗江区、中江县、什邡市、绵竹市、龙泉驿区、青白江区、安岳县和乐至县8个区（县、市）呈现出波动上升特征，金牛区、成华区2个区呈现出波动下降特征，其余区（县、市）呈现出稳定上升特征。从变化幅度看，多数区（县、市）介于5亿～20亿元，具体来看，仁寿县、中江县和资中县排在前三，分别上升36.70亿元、34.37亿元和30.78亿元；龙马潭区、成华区和金牛区排在后三位，分别上升4.79亿元、－0.17亿元和

表 2－6　沱江流域各区（县、市）2010～2018 年第一产业产值

单位：亿元，%

市（州）	区（县、市）	2010 年	2011 年	2012 年	2013 年	2014 年	2015 年	2016 年	2017 年	2018 年	占比	涨幅	均速	2018 年排名
德阳市	旌阳区	24. 60	27. 96	29. 52	27. 07	26. 50	27. 34	30. 14	32. 45	34. 63	2. 57	10. 03	4. 37	15
	罗江区	12. 50	14. 82	16. 75	18. 26	17. 97	18. 63	19. 19	20. 89	21. 77	1. 62	9. 27	7. 18	29
	中江县	53. 12	61. 93	69. 67	70. 96	76. 39	79. 16	79. 53	82. 86	87. 49	6. 50	34. 37	6. 44	1
	广汉市	25. 72	30. 55	31. 50	30. 32	29. 68	30. 67	33. 22	34. 00	37. 35	2. 78	11. 63	4. 77	14
	什邡市	18. 00	20. 72	21. 37	23. 36	23. 78	25. 54	27. 35	29. 08	30. 94	2. 30	12. 94	7. 01	19
	绵竹市	18. 45	21. 77	25. 22	24. 59	25. 00	26. 85	30. 09	29. 17	31. 13	2. 31	12. 68	6. 76	18
阿坝州	茂县	2. 60	2. 94	3. 53	3. 90	4. 48	4. 83	5. 13	5. 63	6. 11	0. 45	3. 51	11. 27	36
成都市	金牛区	0. 27	0. 26	0. 19	0. 17	0. 13	0. 09	0. 08	0. 09	0. 08	0. 01	－0. 19	－14. 11	38
	成华区	0. 24	0. 25	0. 24	0. 19	0. 17	0. 13	0. 09	0. 09	0. 07	0. 01	－0. 17	－14. 27	39
	龙泉驿区	24. 81	27. 75	27. 45	27. 22	25. 06	25. 92	26. 82	27. 98	29. 35	2. 18	4. 54	2. 12	21
	青白江区	10. 34	12. 84	13. 03	13. 44	13. 05	13. 58	14. 40	15. 10	15. 77	1. 17	5. 43	5. 42	33
	新都区	18. 72	21. 17	22. 92	23. 68	23. 71	24. 80	26. 42	27. 88	29. 81	2. 22	11. 09	5. 99	20
	郫都区	16. 83	18. 10	18. 94	20. 09	20. 20	21. 05	22. 30	23. 51	24. 35	1. 81	7. 52	4. 73	25
	金堂县	31. 08	35. 00	37. 26	37. 93	38. 32	40. 52	43. 48	46. 41	49. 14	3. 65	18. 06	5. 89	11
	都江堰市	17. 36	20. 76	22. 16	22. 41	22. 43	23. 83	25. 63	27. 17	28. 45	2. 11	11. 09	6. 37	22
	彭州市	30. 63	37. 21	39. 50	39. 92	42. 38	44. 61	48. 15	51. 21	53. 92	4. 01	23. 29	7. 32	6
	简阳市	42. 22	52. 40	61. 25	66. 45	68. 26	70. 76	58. 70	62. 22	64. 64	4. 81	22. 42	5. 47	5
资阳市	雁江区	33. 18	39. 50	46. 19	50. 29	51. 84	54. 17	47. 01	49. 46	51. 36	3. 82	18. 18	5. 61	8
	安岳县	51. 64	62. 55	73. 06	79. 64	82. 21	85. 17	75. 20	77. 23	81. 54	6. 06	29. 90	5. 88	2
	乐至县	24. 78	30. 57	35. 63	38. 73	39. 60	40. 78	33. 13	33. 67	33. 90	2. 52	9. 12	3. 99	16

续表

市（州）	区（县、市）	2010年	2011年	2012年	2013年	2014年	2015年	2016年	2017年	2018年	占比	涨幅	均速	2018年排名
乐山市	井研县	14.06	16.16	17.45	18.61	19.38	20.35	21.70	21.83	23.18	1.72	9.12	6.45	27
眉山市	仁寿县	44.05	52.86	59.36	63.11	65.21	69.72	73.69	76.60	80.75	6.00	36.70	7.87	3
内江市	市中区	8.77	10.92	12.87	13.84	13.90	14.51	16.51	16.81	17.45	1.30	8.68	8.98	31
	东兴区	27.16	32.85	38.21	41.30	43.10	45.08	48.47	49.52	51.88	3.86	24.72	8.43	7
	威远县	22.83	27.98	33.06	35.78	37.31	39.11	42.63	47.36	48.99	3.64	26.16	10.01	12
	资中县	36.41	46.51	53.82	57.99	60.43	63.35	66.04	63.61	67.19	4.99	30.78	7.96	4
	隆昌市	17.21	21.49	25.35	27.41	27.87	29.09	30.87	32.29	33.80	2.51	16.59	8.80	17
自贡市	自流井区	2.90	3.41	3.79	4.14	4.13	4.31	4.59	5.03	4.94	0.37	2.04	6.88	37
	贡井区	10.15	11.75	12.91	13.81	13.99	14.72	15.78	16.75	16.40	1.22	6.25	6.18	32
	大安区	9.28	10.69	11.80	12.77	12.85	13.34	14.15	14.57	14.68	1.09	5.40	5.90	34
	沿滩区	9.96	11.52	12.68	14.33	14.89	15.63	16.49	17.73	17.60	1.31	7.64	7.38	30
	荣县	26.33	31.01	33.92	37.74	38.84	40.72	43.01	45.32	50.55	3.76	24.22	8.49	9
	富顺县	26.07	30.61	34.30	36.62	37.07	39.24	42.11	43.55	47.37	3.52	21.30	7.75	13
宜宾市	翠屏区	14.51	17.94	19.85	20.62	21.31	22.31	23.76	24.40	25.72	1.91	11.21	7.42	23
	南溪区	13.16	15.72	17.52	19.01	19.78	20.74	22.15	23.27	24.07	1.79	10.91	7.84	26
	江安县	13.91	17.12	19.01	20.49	21.55	22.59	23.71	24.23	25.01	1.86	11.10	7.61	24
泸州市	江阳区	12.27	15.06	16.53	18.46	18.84	19.81	20.83	21.29	22.42	1.67	10.15	7.83	28
	龙马潭区	6.27	7.66	8.35	8.90	9.07	9.53	10.22	10.68	11.06	0.82	4.79	7.35	35
	泸县	29.74	35.61	38.64	41.62	42.83	44.84	47.70	49.33	50.30	3.74	20.56	6.79	10
沱江流域		802.10	955.89	1064.79	1125.16	1153.50	1207.45	1230.49	1280.26	1345.16	100.00	543.06	6.68	—

资料来源：《四川统计年鉴》（2011～2019）。

-0.19 亿元。从增长速度看，多数区（县、市）介于5%～10%，其中，茂县、威远县和市中区排在前三，分别为11.27%、10.01%和8.98%，成华区、金牛区和龙泉驿区排在后三位，分别为-14.27%、-14.11%和2.12%。

总体上看，沱江流域地区德阳市、资阳市第一产业发展较好，成都市平原地区多为城市主城区，第一产业发展的条件有限，郊区以都市设施农业为主，蔬菜和水果种植较多，但是粮食和畜牧业发展非常薄弱，第一产业产值较低。具体看，第一产业发展较好的区（县、市）大多数分布在沱江中游的地区，第一产业产值排在前10的区（县、市）有7个位于中游地区。具体来看，排在前三的是中江县、安岳县和仁寿县，2018年第一产业生产总值分别为87.49亿元、81.54亿元和80.75亿元，累计占沱江流域的18.56%；成华区、金牛区是成都市主城区，城镇化进程推进快，产业不断向二三产业过渡，自流井区是自贡市城区，第一产业仅有少许加工业，这三个区排在后三位，2018年第一产业生产总值分别为0.07亿元、0.08亿元和4.94亿元，占沱江流域的比重只有0.39%，如表2-6所示。

2.2.3 第二产业生产总值

第二产业是沱江流域社会经济发展的主导产业，近年得到持续快速发展，生产总值平稳上升，"十三五"期间增长速度放缓，随时间变化的线性回归方程为：$Y=456.12X+3690.80$（$R^2=0.944$）。2018年全流域实现第二产业生产总值7525.02亿元，较2010年（3656.55亿元）上涨3868.47亿元，年均增长速度为9.44%，高于全省年均增长速度（8.63%）。沱江流域是四川省第二产业最为发达的地区，第二产业生产总值在四川省的规模优势显著，且越来越突出，2018年全流域第二产业生产总值占四川省的49.11%，比重呈波动上升的态势，较2010年上升2.84%，2016年的比重达到51.13%，如表2-7所示。

表2-7 沱江流域及四川省2010～2018年第二产业生产总值

单位：亿元，%

年份	沱江流域	增速	四川省	增速	沱江流域占四川省的比重
2010	3656.55	—	7902.18	—	46.27
2011	4474.44	22.37	10045.72	27.13	44.54
2012	5243.37	17.18	11240.02	11.89	46.65
2013	5876.50	12.07	12378.71	10.13	47.47
2014	6366.97	8.35	12839.60	3.72	49.59

续表

年份	沱江流域	增速	四川省	增速	沱江流域占四川省的比重
2015	6621.60	4.00	13248.08	3.18	49.98
2016	6876.96	3.86	13448.92	1.52	51.13
2017	7101.48	3.26	14328.12	6.54	49.56
2018	7525.02	5.96	15322.72	6.94	49.11

资料来源：《四川统计年鉴》（2011~2019）。

沱江流域各区（县、市）第二产业生产总值呈现三种变化类型，稳定上升型、先上升后下降型和小幅波动上升型。具体来看，罗江区、龙泉驿区、青白江区、新都区、都江堰市、富顺县、翠屏区、南溪区、龙马潭区、泸县呈现出稳定上升的特征，市中区、东兴区、威远县、资中县、隆昌市、自流井区、荣县呈现出先上升后下降的特征，分析其原因发现，近几年，内江市和自贡市在沱江流域综合治理的可持续发展试点政策实施后，不断进行产业结构调整，关闭了大量沿沱江干流及支流分布的企业，工业生产总值持续上升的趋势得到了阻碍。其余区（县、市）在个别年份第二产业生产总值有下降的现象，但下降的幅度较小。从变化幅度来看，多数区（县、市）集中在30亿~100亿元，其中，新都区、青白江区和金堂县排在前三，分别上升252.88亿元、179.06亿元和148.14亿元，自流井区、东兴区和井研县排在后三位，分别上升-27.43亿元、-8.89亿元和12.12亿元；从增长速度来看，多数区（县、市）集中在10%~20%，其中，金堂县、龙泉驿区和彭州市排在前三，年均增长速度分别为18.65%、18.24%和14.86%，自流井区、东兴区和新都区排在后三位，年均增长速度分别为-3.54%、-1.75%和2.51%

沱江流域第二产业发展较好的区（县、市）较为集中分布在沱江中游的成都平原地区，2018年累计实现第二产业产值3328.26亿元，占沱江流域的44.23%。其中，龙泉驿区以988.66亿元位居第一，排在第二和第三的分别是新都区（462.81亿元）和翠屏区（366.10亿元）。沱江上游山区和中下游丘陵地区第二产业发展相对较差，排在后三位的分别是茂县、井研县和东兴区，2018年第二产业生产总值分别为20.77亿元、34.06亿元和58.77亿元，仅为龙泉驿区的2.10%、3.45%和5.94%，地区发展差异悬殊。沱江上游和下游的个别区（县、市）第二产业发展也相对较好，如上游地区德阳市的旌阳区，2018年实现第二产业生产总值313.17亿元，位居第六，下游地区泸州市的江阳区，2018年实现第二产业生产总值265.07亿元，位居第八，如表2-8所示。

表 2-8　沱江流域各区（县、市）2010～2018 年第二产业产值

单位：亿元，%

市（州）	区（县、市）	2010 年	2011 年	2012 年	2013 年	2014 年	2015 年	2016 年	2017 年	2018 年	占比	涨幅	均速	2018 年排名
德阳市	旌阳区	182.67	228.39	246.70	265.89	273.24	263.95	276.14	277.20	313.17	4.16	130.50	6.97	6
	罗江区	26.38	34.41	40.66	44.18	48.79	51.01	51.33	54.81	63.69	0.85	37.31	11.65	36
	中江县	62.82	82.50	95.32	106.16	117.48	121.39	132.15	128.85	149.66	1.99	86.84	11.46	21
	广汉市	102.63	133.34	153.62	171.78	194.46	196.36	213.94	204.88	230.57	3.06	127.94	10.65	11
	什邡市	80.99	104.30	120.07	130.73	137.91	139.78	138.75	142.58	163.54	2.17	82.55	9.18	18
	绵竹市	71.28	91.51	105.77	116.44	128.25	130.83	134.10	133.49	150.51	2.00	79.23	9.79	20
阿坝州	茂县	8.32	14.20	16.71	19.53	21.69	20.81	20.93	21.41	20.77	0.28	12.45	12.12	39
成都市	金牛区	145.50	171.70	185.86	193.50	191.58	194.37	195.80	221.20	242.89	3.23	97.39	6.62	10
	成华区	117.61	141.80	152.45	155.58	132.83	135.98	138.21	154.08	171.73	2.28	54.12	4.85	15
	龙泉驿区	258.76	331.25	483.13	674.05	766.34	786.20	798.48	926.84	988.66	13.14	729.90	18.24	1
	青白江区	147.96	182.07	206.11	223.72	239.96	246.55	261.35	299.46	327.02	4.35	179.06	10.42	5
	新都区	209.93	255.00	290.87	315.41	332.32	352.18	375.43	429.95	462.81	6.15	252.88	10.39	2
	郫都区	272.56	173.29	196.59	212.06	231.27	247.78	264.36	305.60	332.42	4.42	59.86	2.51	4
	金堂县	50.59	69.53	93.71	107.72	119.53	132.79	148.23	176.58	198.73	2.64	148.14	18.65	13
	都江堰市	49.87	64.09	76.17	85.37	94.55	101.84	111.15	127.58	139.45	1.85	89.58	13.72	24
	彭州市	72.29	92.96	109.08	122.19	177.30	197.36	204.85	238.28	218.94	2.91	146.65	14.86	12
	简阳市	110.37	148.81	177.91	196.78	216.28	227.10	197.59	225.73	245.61	3.26	135.24	10.52	9
资阳市	雁江区	135.66	175.11	207.41	228.62	252.23	264.42	284.32	278.53	279.63	3.72	143.97	9.46	7
	安岳县	58.79	77.73	93.12	104.35	115.03	121.18	132.92	129.91	133.93	1.78	75.14	10.84	25
	乐至县	43.61	58.45	70.01	77.94	85.89	90.27	97.38	95.49	96.63	1.28	53.02	10.46	31

续表

市（州）	区（县、市）	2010年	2011年	2012年	2013年	2014年	2015年	2016年	2017年	2018年	占比	涨幅	均速	2018年排名
乐山市	井研县	21.94	28.60	32.70	35.32	37.03	39.55	38.04	32.66	34.06	0.45	12.12	5.65	38
眉山市	仁寿县	90.41	117.48	138.08	151.56	166.93	180.38	183.51	166.00	170.69	2.27	80.28	8.27	16
内江市	市中区	86.76	109.14	121.69	130.63	139.34	143.84	170.31	148.11	128.73	1.71	41.97	5.06	26
	东兴区	67.66	87.32	103.16	111.68	120.58	114.58	88.21	63.35	58.77	0.78	−8.89	−1.75	37
	威远县	120.91	153.55	173.86	193.29	207.48	201.16	211.40	202.76	196.65	2.61	75.74	6.27	14
	资中县	66.25	86.64	99.20	107.93	116.73	110.52	113.51	98.17	98.88	1.31	32.63	5.13	30
	隆昌市	78.03	99.39	112.33	117.88	127.42	147.67	158.21	148.22	127.75	1.70	49.72	6.36	27
自贡市	自流井区	109.51	131.30	143.74	152.59	154.74	151.70	145.88	89.07	82.08	1.09	−27.43	−3.54	32
	贡井区	38.86	49.43	58.17	66.11	72.21	77.38	84.31	96.41	102.21	1.36	63.35	12.85	29
	大安区	78.50	96.55	112.69	127.55	135.68	142.29	147.08	136.02	141.85	1.89	63.35	7.68	22
	沿滩区	35.63	45.21	54.15	67.30	74.35	81.27	90.12	115.81	124.80	1.66	89.17	16.96	28
	荣县	48.78	63.02	74.93	81.86	89.35	95.15	103.06	76.55	78.86	1.05	30.08	6.19	34
	富顺县	59.52	76.36	90.24	103.14	110.74	117.81	124.41	124.62	139.49	1.85	79.97	11.23	23
宜宾市	翠屏区	225.12	262.23	297.14	316.07	314.93	326.87	321.66	321.55	366.10	4.87	140.98	6.27	3
	南溪区	27.85	40.16	47.16	51.75	57.61	59.35	61.13	62.25	68.26	0.91	40.41	11.86	35
	江安县	32.09	48.38	56.06	62.67	68.44	72.16	75.39	73.49	79.23	1.05	47.14	11.96	33
泸州市	江阳区	122.34	161.31	186.86	205.47	227.92	261.27	274.20	254.71	265.07	3.52	142.73	10.15	8
	龙马潭区	65.04	88.88	104.19	116.06	128.81	133.58	144.91	152.80	160.92	2.14	95.88	11.99	19
	泸县	72.79	99.05	115.75	125.64	139.76	142.92	164.18	166.48	170.27	2.26	97.48	11.21	17
沱江流域		3656.55	4474.44	5243.37	5876.50	6366.97	6621.60	6876.96	7101.48	7525.02	100.00	3868.47	9.44	—

资料来源：《四川统计年鉴》（2011～2019）。

2.2.4 第三产业生产总值

沱江流域第三产业飞速发展，生产总值快速上升，随时间变化的线性回归方程为：Y = 557.58X + 1295.7（R^2 = 0.959）。2018 年全流域实现第三产业生产总值 6802.55 亿元，较 2010 年（2179.90 亿元）上涨 4622.65 亿元，年均增长速度为 15.29%，略高于全省年均增长速度（15.00%），年均增长速度远远高于第一产业和第二产业。沱江流域也是四川省第三产业最为发达的地区，第三产业生产总值在四川省有一定规模优势，2018 年全流域第三产业生产总值占四川省的 32.50%，比重呈波动上升的态势，较 2010 年上升 0.63%，如表 2－9 所示。

表 2－9 沱江流域及四川省 2010～2018 年第三产业生产总值

单位：亿元，%

年份	沱江流域	增速	四川省	增速	沱江流域占四川省的比重
2010	2179.90	—	6840.10	—	31.87
2011	2551.50	17.05	8043.26	17.59	31.72
2012	2978.89	16.75	9386.84	16.70	31.73
2013	3352.34	12.54	10644.70	13.40	31.49
2014	3793.75	13.17	12166.01	14.29	31.18
2015	4233.29	11.59	13127.72	7.90	32.25
2016	4885.49	15.41	15556.29	18.50	31.41
2017	5974.86	22.30	18389.75	18.21	32.49
2018	6802.55	13.85	20928.75	13.81	32.50

资料来源：《四川统计年鉴》（2011～2019）。

沱江流域各区（县、市）第三产业生产总值均呈现出快速上升趋势，这与国家产业结构调整政策有很大关系。从增长幅度来看，多数区（县、市）集中在 30 亿～200 亿元，其中金牛区、成华区和翠屏区排在前三，分别上升 597.24 亿元、504.96 亿元和 221.83 亿元；茂县、沿滩区和井研县排在后三位，分别上升 4.05 亿元、24.96 亿元和 28.30 亿元；从增长速度看，各区（县、市）增长速度差异不是很大，高度集中在 10%～20%，其中，罗江区、市中区和隆昌市排在前三，年均增长速度分别为 20.17%、19.58% 和 19.12%；茂县、郫都区和金牛区排在后三位，年均增长速度分别为 10.15%、10.58% 和 13.08%。

表2-10 沱江流域各区（县、市）2010~2018年第三产业产值

单位：亿元，%

市（州）	区（县、市）	2010年	2011年	2012年	2013年	2014年	2015年	2016年	2017年	2018年	占比	涨幅	均速	2018年排名
德阳市	旌阳区	77.60	91.59	105.77	118.89	137.36	164.72	193.80	250.03	283.06	4.16	205.46	17.56	6
	罗江区	9.40	10.91	12.17	13.04	14.76	18.34	26.65	35.60	40.87	0.60	31.47	20.17	36
	中江县	45.97	55.26	61.60	67.23	75.07	87.40	99.47	132.42	152.94	2.25	106.97	16.21	15
	广汉市	51.67	59.66	66.83	72.88	80.87	96.90	108.51	161.21	183.14	2.69	131.47	17.14	11
	什邡市	36.79	42.42	47.17	52.97	58.47	68.50	84.52	113.00	129.28	1.90	92.49	17.01	21
	绵竹市	28.37	33.01	36.72	44.93	47.97	57.69	73.58	98.04	110.13	1.62	81.76	18.48	25
阿坝州	茂县	3.47	4.29	4.65	5.26	5.65	6.28	6.78	6.90	7.52	0.11	4.05	10.15	39
成都市	金牛区	356.73	420.85	508.11	558.82	623.78	680.91	754.17	839.76	953.97	14.02	597.24	13.08	1
	成华区	272.16	334.74	403.29	448.71	518.03	557.10	617.90	694.17	777.12	11.42	504.96	14.01	2
	龙泉驿区	87.25	101.32	120.82	135.79	153.20	190.01	213.92	246.06	284.77	4.19	197.52	15.94	5
	青白江区	41.36	47.79	57.24	64.44	73.53	78.13	91.26	106.96	132.26	1.94	90.90	15.64	18
	新都区	92.69	118.51	142.26	163.66	186.16	205.79	230.32	264.84	306.58	4.51	213.89	16.13	4
	郫都区	99.95	90.35	110.06	128.08	145.19	157.14	176.07	195.92	223.45	3.28	123.50	10.58	8
	金堂县	49.32	59.66	71.33	80.72	94.24	111.79	131.95	152.00	176.20	2.59	126.88	17.25	12
	都江堰市	76.31	91.80	109.85	122.08	134.60	149.71	169.44	193.75	216.90	3.19	140.59	13.95	9
	彭州市	46.29	54.71	64.51	73.58	82.06	91.58	107.73	123.09	138.77	2.04	92.48	14.71	17
	简阳市	51.05	61.75	71.64	81.55	92.68	103.51	109.56	125.74	143.58	2.11	92.53	13.80	16
资阳市	雁江区	45.98	56.05	64.05	72.96	82.90	91.77	114.20	156.82	171.49	2.52	125.51	17.89	13
	安岳县	37.58	45.37	51.94	58.31	66.62	74.25	96.30	120.56	129.54	1.90	91.96	16.73	20
	乐至县	23.28	28.06	32.51	36.74	42.06	47.00	62.98	80.54	88.51	1.30	65.23	18.17	29

续表

市（州）	区（县、市）	2010 年	2011 年	2012 年	2013 年	2014 年	2015 年	2016 年	2017 年	2018 年	占比	涨幅	均速	2018 年排名
乐山市	井研县	10.95	12.84	14.65	16.45	19.14	20.90	26.93	36.32	39.25	0.58	28.30	17.30	37
眉山市	仁寿县	45.42	53.70	61.60	69.56	80.33	89.56	110.70	143.19	156.90	2.31	111.48	16.76	14
内江市	市中区	31.32	35.77	40.44	45.59	51.77	57.55	74.55	100.24	130.93	1.92	99.61	19.58	19
	东兴区	32.54	37.27	42.24	47.72	53.76	59.42	73.64	99.26	118.06	1.74	85.52	17.48	23
	威远县	29.27	33.36	37.60	42.83	49.21	54.16	63.33	81.80	105.29	1.55	76.02	17.35	26
	资中县	34.84	39.83	45.02	50.65	56.93	62.25	76.39	94.91	103.92	1.53	69.08	14.64	27
	隆昌市	30.46	34.83	39.34	44.82	50.95	56.28	63.58	85.43	123.45	1.81	92.99	19.12	22
自贡市	自流井区	76.58	89.13	99.31	113.81	125.58	141.28	166.09	219.72	238.63	3.51	162.05	15.27	7
	贡井区	15.42	18.00	19.96	23.10	26.02	28.85	31.84	41.71	46.80	0.69	31.38	14.89	35
	大安区	23.67	27.37	30.20	34.33	37.86	41.32	48.59	62.34	69.93	1.03	46.26	14.50	32
	沿滩区	12.91	15.07	16.52	18.99	20.80	23.06	25.68	33.27	37.87	0.56	24.96	14.40	38
	荣县	27.89	32.14	35.43	40.44	45.24	50.26	55.56	73.32	79.58	1.17	51.69	14.00	30
	富顺县	36.35	42.20	46.46	52.90	58.99	64.74	76.04	99.99	113.72	1.67	77.37	15.32	24
宜宾市	翠屏区	86.44	98.52	112.10	128.8	148.91	162.49	199.44	275.68	308.27	4.53	221.83	17.23	3
	南溪区	14.80	16.97	19.34	21.66	24.64	27.61	33.46	44.54	50.17	0.74	35.37	16.49	34
	江安县	15.62	17.82	20.05	21.71	25.10	27.83	33.60	44.84	50.23	0.74	34.61	15.72	33
泸州市	江阳区	65.19	74.04	82.57	94.13	106.15	119.18	135.29	191.83	213.14	3.13	147.95	15.96	10
	龙马潭区	24.81	28.24	32.36	36.92	42.70	47.04	53.28	64.44	73.35	1.08	48.54	14.51	31
	泸县	32.12	36.28	41.16	47.27	54.44	61.03	68.44	84.64	92.98	1.37	60.86	14.21	29

资料来源：《四川统计年鉴》（2011～2019）。

沱江流域第三产业发展较好的区（县、市）较为集中分布在沱江中游的成都平原地区，2018 年累计实现第三产业产值 2180.49 亿元，占沱江流域的 49.29%。第三产业产值排在前五的，成都市占据四个区，分别是金牛区、成华区、新都区和龙泉驿区，2018 年第三产业产值分别为 953.97 亿元、777.12 亿元、306.58 亿元和 284.77 亿元；沱江上游山区和中下游丘陵地区第三产业发展较为落后，排在后三位的分别是茂县、沿滩区和井研县，2018 年第三产业产值分别为 7.52 亿元、37.87 亿元和 39.25 亿元，仅为金牛区的 0.79%、3.97% 和 4.11%，地区发展差距悬殊。沱江上游和下游的个别区（县、市）第三产业发展也相对较好，如上游地区德阳市的旌阳区，2018 年实现第三产业生产总值 283.06 亿元，位居第六，下游地区宜宾市的翠屏区，2018 年实现第三产业生产总值 308.27 亿元，位居第三，自贡市的自流井区，2018 年实现第三产业生产总值 238.63 亿元，位居第七，如表 2－10 所示。

2.2.5 人均生产总值

人均生产总值是了解和把握一个国家或地区宏观经济运行状况的有效工具，是衡量一个国家或地区经济发展水平高低或者贫富差距的最重要经济指标之一。沱江流域人均生产总值持续稳步上升，从 2010 年的 23503 元上升到 2018 年的 59180 元，随时间变化的线性回归方程为：$Y=4454.2X+193581$（$R^2=0.9937$），年均增长速度为 9.71%，近年增长速度大大降低，2018 年的增长速度为 8.26%，2014 年的增长速度最大，达到 21.56%。总体上看，沱江流域多年人均生产总值增长速度均值高于全国平均水平，但是低于四川省平均水平，如表 2－11 所示。

表 2－11 沱江流域及四川省 2010～2018 年人均生产总值 单位：元，%

年份	沱江流域	增速	四川省	增速	中国	增速
2010	23503	—	21182	—	30808	—
2011	28123	19.66	26133	23.37	36302	17.83
2012	32595	15.90	29608	13.30	39874	9.84
2013	36183	11.01	32617	10.16	43684	9.56
2014	43985	21.56	35128	7.70	47005	7.60
2015	46567	5.87	36775	4.69	50028	6.43

续表

年份	沱江流域	增速	四川省	增速	中国	增速
2016	49861	7.07	40003	8.78	53680	7.30
2017	54666	9.64	44651	11.62	59021	9.95
2018	59180	8.26	48883	9.48	64664	9.56

资料来源：《四川统计年鉴》（2011～2019）。

沱江流域各区（县、市）人均生产总值均表现为上升的特征。从增长幅度来看，多数区（县、市）涨幅为20000～60000元。其中，龙泉驿区、青白江区和成华区排在前三，分别上升92392元、63244元和57179元；资中县、东兴区和郫都区排在最后三位，分别上升11343元、13110元和14989元。从增长速度来看，多数区（县、市）增长速度介于10%～15%。其中，金堂县、简阳市和乐至县排在前三，年均增长速度为16.43%、15.44%和14.30%；郫都区、自流井区和大安区排在后三位，年均增长速度为3.16%、3.63%和7.59%。

总体上看，沱江流域较为富裕的区（县、市）高度集中在沱江中游成都市平原地区，2018年成都市平原地区人均生产总值为83792.9元，远远高于全国平均水平和四川省平均水平，是四川省平均水平的1.7培，是全国平均水平的1.4倍，是名副其实的"天府之国"，人均生产总值排名前五的均在成都平原地区，其中，龙泉驿区（145855元）位居第一，其次是青白江区（113675元）、成华区（99855元）；贫穷地区多集中在沱江上游和下游地区，排在后三位的分别是资中县、东兴区和茂县，2018年人均生产总值分别为22822元、29087元和30880元，仅为龙泉驿区的15.65%、19.94%和21.17%。沱江流域的上游地区和下游地区也有个别区（县、市）较为富裕，如德阳市的旌阳区，2018年人均生产总值为83282元，位居第六；泸州市的江阳区，2018年人均生产总值为80968元，位居第七；宜宾市的翠屏区，2018年人均生产总值为79106元，位居第八。如表2－12所示。

2.2.6 财政收支

沱江流域地方财政一般预算收入稳步上升，但增长速度有所放缓，随时间变化的线性回归方程为：$Y=61.78X+248.32$（$R^2=0.9872$）。2018年全流域实现地方财政一般预算收入744.67亿元，较2010年（216.52亿元）上涨528.15亿元，年均增长速度为14.72%，高于全省增长速度（12.13%）。全流域地方财政一般预算收入占四川省的比重呈上升的趋势，2018年占比为19.04%，较2010年上升5.18%，如表2－13所示。

表2－12 沱江流域各区（县、市）2010～2018年人均产值总值

单位：元，%

市（州）	区(县、市)	2010年	2011年	2012年	2013年	2014年	2015年	2016年	2017年	2018年	涨幅	均速	2018年排名
德阳市	旌阳区	40202	47267	51725	55580	58838	61177	66901	74474	83282	43080	9. 53	6
	罗江区	21449	28209	31832	33849	36639	26649	28818	31943	56021	34572	12. 75	18
	中江县	13641	16924	19938	22315	24788	39721	43869	50021	36234	22593	12. 99	32
	广汉市	30251	37813	42559	46323	51237	54533	59877	66849	74990	44739	12. 02	10
	什邡市	31881	40552	45557	49834	52860	55992	59900	67955	77343	45462	11. 71	9
	绵竹市	24533	31079	36294	40471	44214	47533	52210	57034	63607	39074	12. 65	14
阿坝州	茂县	13489	20434	23636	27093	29826	29719	30046	30604	30880	17391	10. 91	37
成都市	金牛区	43929	49347	57760	62598	67805	72754	78686	87487	98457	54528	10. 61	4
	成华区	42676	50733	59052	64136	69045	73472	80038	89667	99855	57179	11. 21	3
	龙泉驿区	53463	59923	81293	106105	117854	121500	122276	138685	145855	92392	13. 37	1
	青白江区	50431	63403	71176	76626	82690	85182	91661	104234	113675	63244	10. 69	2
	新都区	44452	50841	58370	63631	67403	70095	72974	80962	88446	43994	8. 98	5
	郫都区	53080	34072	42847	47003	49957	51865	55569	62208	68069	14989	3. 16	11
	金堂县	17752	22883	28101	31313	34800	39302	44896	52928	59939	42187	16. 43	15
	都江堰市	22036	26839	31481	34534	37600	40754	44861	50654	55446	33410	12. 23	19
	彭州市	19343	24224	27877	30736	39218	43268	46582	53051	52909	33566	13. 40	22
	简阳市	17529	24618	29379	32877	36049	38270	34567	49932	55278	37749	15. 44	20
资阳市	雁江区	23358	30143	35820	39917	44165	46893	50065	53293	54873	31515	11. 27	21
	安岳县	11814	16247	19192	21523	23587	25072	27055	29124	31094	19280	12. 86	36
	乐至县	14817	21729	26159	29277	32338	34627	37659	40957	43177	28360	14. 30	27

续表

市（州）	区(县、市)	2010年	2011年	2012年	2013年	2014年	2015年	2016年	2017年	2018年	涨幅	均速	2018年排名
乐山市	井研县	14727	20295	22650	24447	25989	27455	29181	30292	31864	17137	10. 13	35
眉山市	仁寿县	14139	18135	21103	23286	25489	27677	30089	31970	34097	19958	11. 63	34
内江市	市中区	24789	31041	34922	37442	39753	41664	49767	49805	51961	27172	9. 69	24
	东兴区	15977	20964	24303	26418	28573	28698	27482	27539	29087	13110	7. 78	38
	威远县	26171	34349	39350	44943	49528	49443	53409	56305	59641	33470	10. 84	16
	资中县	11479	14488	16535	17965	19303	19470	21132	21211	22822	11343	8. 97	39
	隆昌市	18971	24576	27747	29533	31940	36047	39033	41052	44853	25882	11. 36	26
自贡市	自流井区	49306	64599	68778	71572	73369	74211	77079	69877	65577	16271	3. 63	12
	贡井区	24507	30337	34787	39156	42410	45677	47713	53962	57275	32768	11. 19	17
	大安区	29205	35182	40380	45495	48463	51584	55421	52445	52434	23229	7. 59	23
	沿滩区	19232	26292	30220	35860	38624	41253	43402	50260	48920	29688	12. 38	25
	荣县	17478	21346	24401	27076	29355	31504	34030	33486	37589	20111	10. 05	30
	富顺县	14838	18033	20652	23235	24928	26744	29858	34191	39087	24249	12. 87	29
宜宾市	翠屏区	39324	45173	50954	55022	57178	60133	63370	71255	79106	39782	9. 13	8
	南溪区	16630	21845	25377	27588	30079	31658	34133	37785	41090	24460	11. 97	28
	江安县	15585	20751	23308	25331	27719	29452	31815	34154	36928	21343	11. 39	31
泸州市	江阳区	33773	43376	49117	53909	58986	66235	70648	76207	80968	47195	11. 55	7
	龙马潭区	28455	36095	41434	45860	50811	53027	56865	60311	63938	35483	10. 65	13
	泸县	15657	20355	23288	25391	27935	29037	32310	34554	35994	20337	10. 97	33
沱江流域		26163	31911	36907	40904	44393	46906	50135	54839	59043	32879	10. 71	—

资料来源：《四川统计年鉴》（2011 ~2019）。

表2-13 沱江流域2010~2018年地方财政一般预算收入

单位：亿元，%

年份	沱江流域	增速	四川省	增速	沱江流域占四川省的比重
2010	216.52	—	1561.67	—	13.86
2011	297.73	37.50	2044.79	23.63	14.56
2012	365.15	22.65	2421.27	18.41	15.08
2013	436.26	19.48	2784.10	13.03	15.67
2014	509.92	16.88	3061.07	9.95	16.66
2015	581.83	14.10	3355.43	8.77	17.34
2016	625.89	7.57	3388.85	1.00	18.47
2017	649.16	3.72	3579.77	5.33	18.13
2018	744.67	14.71	3911.01	9.25	19.04

资料来源：《四川统计年鉴》（2011~2019）。

沱江流域各区（县、市）地方财政一般预算收入呈现出波动上涨趋势。从增长幅度来看，多数区（县、市）涨幅达到两位数。其中，龙泉驿区、新都区和成华区排在前三，分别上升62.93亿元、40.85亿元和36.63亿元；贡井区、翠屏区和茂县排在最后三位，分别上升1.51亿元、1.11亿元和0.99亿元。从增长速度来看，多数区（县、市）增长速度介于10%~25%。其中，自流井区、雁江区和南溪区排在前三，年均增长速度分别为47.63%、30.40%和29.70%；翠屏区、威远县、金牛区排在最后三位，年均增长速度分别为0.50%、7.62%和11.90%。

总体上看，沱江流域地方财政一般预算收入较高的区（县、市）较为集中分布在沱江中游的成都平原地区，2018年地方财政一般预算收入累计417.53亿元，占整个流域的50.07%，地方财政一般预算收入排在前十的区（县、市）中，成都市就占有8个，其中龙泉驿区以78.73亿元位居第一，排在第二和第三的分别是成华区（57.65亿元）和金牛区（56.80亿元）。地方财政一般预算收入较低的主要集中在沱江上下游地区，排在后三位的分别是茂县、贡井区、沿滩区，2018年地方财政一般预算收入分别为1.69亿元、2.01亿元和3.17亿元，仅为龙泉驿区的2.15%、2.55%和4.02%。沱江流域中下游地区也有个别区（县、市）地方财政一般预算收入较高，如资阳市的雁江区，2018年实现地方财政一般预算收入28.15亿元，位居第八；宜宾市的翠屏区，2018年实现地方财政一般预算收入28.47亿元，位居第七。如表2-14所示。

沱江流域地方财政一般预算支出稳步上升，但增长速度波动较大，随时间变化的线性回归方程为：$Y=120.62X+552.61$（$R^2=0.9799$）。2018年全流域地方财政一般预算支出1615.72亿元，较2010年（639.10亿元）上涨976.62亿元，

表 2-14 沱江流域各区（县、市）2010~2018 年地方财政一般预算收入

单位：亿元，%

市（州）	区（县、市）	2010 年	2011 年	2012 年	2013 年	2014 年	2015 年	2016 年	2017 年	2018 年	占比	涨幅	均速	2018 年排名
德阳市	旌阳区	4.12	10.60	15.43	17.63	18.22	18.78	17.57	19.86	20.10	2.70	15.98	21.90	15
	罗江区	1.13	1.63	2.11	2.24	2.40	2.58	2.85	3.25	3.53	0.47	2.40	15.31	35
	中江县	2.00	2.48	3.65	5.10	6.14	7.24	7.76	8.78	10.02	1.35	8.01	22.28	22
	广汉市	5.14	6.89	10.21	11.47	13.02	14.43	14.63	16.60	17.23	2.31	12.09	16.33	16
	什邡市	5.76	7.92	11.46	12.30	13.12	13.88	15.78	15.42	16.11	2.16	10.35	13.73	18
	绵竹市	3.34	5.69	11.37	12.22	12.55	9.54	10.66	12.77	16.18	2.17	12.85	21.81	17
阿坝州	茂县	0.70	1.17	1.42	1.75	2.00	1.35	1.54	1.69	1.69	0.23	0.99	11.62	39
成都市	金牛区	23.10	26.95	36.40	40.19	45.12	48.08	50.89	50.38	56.80	7.63	33.69	11.90	3
	成华区	21.02	30.03	34.89	41.01	47.60	51.87	53.54	53.32	57.65	7.74	36.63	13.44	2
	龙泉驿区	15.80	21.08	31.58	40.02	49.17	58.44	66.19	70.83	78.73	10.57	62.93	22.23	1
	青白江区	7.52	10.51	13.06	15.29	18.07	20.42	20.45	21.30	22.84	3.07	15.32	14.90	13
	新都区	13.58	20.12	31.27	34.67	40.17	44.35	47.96	50.05	54.43	7.31	40.85	18.95	4
	郫都区	15.35	23.25	22.97	30.36	35.74	40.33	41.30	39.78	41.88	5.62	26.53	13.36	5
	金堂县	4.91	6.02	9.58	11.57	14.16	23.02	20.42	24.51	30.67	4.12	25.76	25.73	6
	都江堰市	7.77	12.96	18.22	17.53	16.53	19.19	22.96	24.13	25.84	3.47	18.08	16.21	10
	彭州市	5.10	7.22	10.26	13.06	15.55	17.43	19.47	21.06	27.25	3.66	22.14	23.29	9
	简阳市	5.53	7.50	10.00	12.20	14.03	17.18	17.87	19.60	21.44	2.88	15.91	18.45	14
资阳市	雁江区	3.37	4.52	6.12	7.71	10.05	20.95	24.76	13.37	28.15	3.78	24.78	30.40	8
	安岳县	3.19	4.37	6.02	7.87	9.20	10.55	11.66	12.43	13.02	1.75	9.83	19.23	21
	乐至县	2.06	2.90	4.01	5.23	6.01	6.78	7.49	8.02	8.59	1.15	6.53	19.54	25

续表

市（州）	区（县、市）	2010年	2011年	2012年	2013年	2014年	2015年	2016年	2017年	2018年	占比	涨幅	均速	2018年排名
乐山市	井研县	0. 84	1. 12	1. 55	2. 03	2. 32	2. 72	3. 03	3. 23	3. 40	0. 46	2. 56	19. 02	36
眉山市	仁寿县	3. 11	4. 50	6. 75	10. 64	15. 05	18. 20	20. 42	22. 02	23. 42	3. 15	20. 31	28. 73	11
内江市	市中区	1. 16	1. 52	1. 86	2. 46	3. 21	4. 27	5. 30	5. 87	5. 51	0. 74	4. 35	21. 48	33
	东兴区	1. 42	1. 92	2. 39	3. 16	3. 91	4. 86	5. 59	6. 12	6. 53	0. 88	5. 11	21. 00	30
	威远县	4. 14	4. 68	6. 03	7. 25	8. 43	7. 98	7. 53	7. 02	7. 44	1. 00	3. 30	7. 62	29
	资中县	2. 81	3. 44	4. 44	5. 34	6. 41	7. 54	8. 33	8. 81	8. 90	1. 19	6. 09	15. 52	24
	隆昌市	2. 45	3. 08	3. 72	4. 48	5. 40	6. 51	7. 39	7. 92	8. 21	1. 10	5. 76	16. 33	27
自贡市	自流井区	0. 29	0. 37	0. 50	0. 61	0. 73	0. 82	0. 91	1. 04	6. 44	0. 87	6. 16	47. 63	31
	贡井区	0. 51	0. 63	0. 73	0. 88	1. 06	1. 20	1. 25	1. 39	2. 01	0. 27	1. 51	18. 84	38
	大安区	0. 78	0. 60	1. 35	0. 79	0. 95	1. 08	1. 24	1. 43	3. 63	0. 49	2. 85	21. 13	34
	沿滩区	0. 48	0. 60	0. 81	0. 97	1. 27	1. 56	1. 75	1. 95	3. 17	0. 43	2. 69	26. 66	37
	荣县	2. 00	2. 82	3. 83	4. 60	5. 34	4. 87	5. 56	5. 77	6. 04	0. 81	4. 04	14. 80	32
	富顺县	2. 34	3. 62	4. 56	5. 25	6. 10	5. 97	6. 51	7. 16	8. 52	1. 14	6. 18	17. 55	26
宜宾市	翠屏区	27. 35	36. 33	10. 98	14. 37	18. 57	17. 11	18. 59	18. 80	28. 47	3. 82	1. 11	0. 50	7
	南溪区	1. 16	1. 63	2. 52	4. 07	6. 04	7. 08	7. 84	8. 66	9. 30	1. 25	8. 14	29. 70	23
	江安县	1. 24	1. 81	2. 75	3. 94	5. 19	6. 07	6. 71	7. 36	8. 10	1. 09	6. 86	26. 45	28
泸州市	江阳区	8. 20	6. 59	8. 79	11. 20	13. 02	16. 60	18. 22	20. 89	23. 24	3. 12	15. 03	13. 90	12
	龙马潭区	2. 41	3. 94	5. 42	7. 36	9. 28	10. 93	12. 44	13. 48	15. 29	2. 05	12. 88	25. 95	19
	泸县	3. 35	4. 71	6. 13	7. 45	8. 80	10. 04	11. 52	13. 09	14. 90	2. 00	11. 55	20. 52	20
沱江流域		216. 52	297. 73	365. 15	436. 26	509. 92	581. 83	625. 89	649. 16	744. 67	100. 00	528. 15	16. 70	—

资料来源：《四川统计年鉴》（2011~2019）。

年均增长速度为 12.29%，高于全省增长速度（10.85%）。全流域地方财政一般预算支出占四川省的比重波动变化趋势明显，最大值为 17.78%，出现在 2016 年，最小值为 14.81%，出现在 2013 年，如表 2－15 所示。

表 2－15　沱江流域 2010～2018 年地方财政一般预算支出

单位：亿元，%

年份	沱江流域	增速	四川省	增速	沱江流域占四川省的比重
2010	639.10	—	4257.98	—	15.01
2011	839.91	31.42	4674.92	9.79	17.97
2012	853.57	1.63	5450.99	16.60	15.66
2013	921.41	7.95	6220.91	14.12	14.81
2014	1127.03	22.32	6796.61	9.25	16.58
2015	1250.41	10.95	7497.51	10.31	16.68
2016	1424.35	13.91	8008.89	6.82	17.78
2017	1460.03	2.51	8686.10	8.46	16.81
2018	1615.72	10.66	9707.50	11.76	16.64

资料来源：《四川统计年鉴》（2011～2019）。

沱江流域各区（县、市）地方财政一般预算支出呈现波动上涨趋势。从增长幅度来看，多数区（县、市）涨幅达到两位数，尤其中下游城市增长速度较快。其中，雁江区、龙泉驿区和成华区排在前三，分别上升 80.81 亿元、74.67 亿元和 52.41 亿元；绵竹市、罗江区和中江县排在最后三位，分别上升 1.36 亿元、0.08 亿元和－1.55 亿元。从增长速度来看，多数区（县、市）增长速度介于 10%～20%。其中，雁江区、江阳区和郫都区排在前三位，年均增长速度分别为 25.45%、20.39% 和 19.97%；绵竹市、罗江区和中江县排在后三位，年均增长速度分别为－0.40%、0.08% 和 0.62%。

总体上看，沱江流域地方财政一般预算支出较高的区（县、市）较为集中分布在沱江中游的成都平原地区，2018 年地方财政一般预算支出累计 598.13 亿元，占整个流域的 37.04%，地方财政一般预算支出排在前十的区（县、市）中，成都市就占有 7 个。龙泉驿区以 97.54 亿元位居第一，排在第二和第三的分别是雁江区（96.55 亿元）和成华区（75.88 亿元）。地方财政一般预算支出较低的主要集中在沱江上下游地区，排在后三位的分别是罗江区、自流井区和沿滩区，2018 年地方财政一般预算支出分别为 12.79 亿元、15.33 亿元和 16.42 亿元，仅为龙泉驿区的 13.11%、15.72% 和 16.83%。沱江流域中下游地区也有个别区（县、市）地方财政一般预算支出较高，如眉山市的仁寿县，2018 年实现地方财政一般预算支出 68.19 亿元，位居第四，如表 2－16 所示。

表 2－16　沱江流域各区（县、市）2010～2018 年地方财政一般预算支出

单位：亿元，%

市（州）	区(县、市)	2010 年	2011 年	2012 年	2013 年	2014 年	2015 年	2016 年	2017 年	2018 年	占比	涨幅	均速	2018 年排名
德阳市	旌阳区	24.50	24.26	24.34	25.90	30.67	31.23	32.51	34.90	33.84	2.09	9.34	4.12	24
	罗江区	12.70	15.29	9.40	10.09	10.42	11.25	13.12	13.60	12.79	0.79	0.08	0.08	39
	中江县	48.66	27.11	29.75	35.72	41.15	41.16	45.62	49.65	47.11	2.92	－1.55	－0.40	13
	广汉市	22.39	20.19	20.71	22.21	28.30	29.37	34.19	32.15	35.69	2.21	13.30	6.00	20
	什邡市	25.55	48.17	20.29	19.19	20.60	21.84	27.76	26.18	28.60	1.77	3.05	1.42	27
	绵竹市	26.65	59.42	21.30	25.16	27.03	25.12	26.69	28.91	28.01	1.73	1.36	0.62	28
阿坝州	茂县	15.61	29.81	8.59	10.52	12.09	11.05	13.85	14.95	18.34	1.14	2.73	2.04	33
成都市	金牛区	27.70	32.76	43.43	43.74	50.24	56.51	66.13	65.38	63.74	3.95	36.05	10.98	7
	成华区	23.47	27.80	38.56	43.39	44.66	53.99	56.47	61.53	75.88	4.70	52.41	15.80	3
	龙泉驿区	22.87	27.02	38.45	42.64	53.10	81.63	82.36	89.31	97.54	6.04	74.67	19.88	1
	青白江区	12.12	14.00	16.75	19.70	25.23	29.91	33.55	33.67	34.42	2.13	22.30	13.93	22
	新都区	18.09	22.99	34.12	34.99	53.86	51.56	63.38	56.38	67.64	4.19	49.55	17.92	5
	郫都区	14.93	23.25	29.06	31.05	45.26	53.03	56.88	60.07	64.09	3.97	49.16	19.97	6
	金堂县	14.64	17.71	23.54	24.33	32.65	4.26	45.12	46.72	54.01	3.34	39.37	17.72	8
	都江堰市	32.08	61.84	35.68	26.25	31.25	41.32	38.48	40.81	44.40	2.75	12.33	4.15	18
	彭州市	22.07	42.81	26.17	24.68	38.33	39.16	39.47	43.19	45.57	2.82	23.50	9.49	15
	简阳市	22.77	28.23	35.00	40.58	42.85	46.12	55.56	57.39	50.84	3.15	28.08	10.56	10
资阳市	雁江区	15.73	19.24	23.96	49.92	32.30	67.09	74.12	41.80	96.55	5.98	80.81	25.45	2
	安岳县	20.74	24.86	34.83	39.26	42.17	47.20	52.89	58.38	48.68	3.01	27.95	11.26	12
	乐至县	13.69	14.93	19.49	24.29	25.87	28.27	33.51	36.25	35.07	2.17	21.38	12.48	21

续表

市（州）	区(县、市)	2010 年	2011 年	2012 年	2013 年	2014 年	2015 年	2016 年	2017 年	2018 年	占比	涨幅	均速	2018 年排名
乐山市	井研县	7.45	8.91	11.53	12.97	13.87	15.64	17.28	17.35	17.11	1.06	9.66	10.95	36
眉山市	仁寿县	28.10	33.10	36.39	44.61	51.51	53.66	59.38	63.52	68.19	4.22	40.09	11.72	4
内江市	市中区	7.61	9.58	11.62	7.70	17.27	18.55	21.39	22.71	25.11	1.55	17.50	16.09	30
	东兴区	10.36	13.04	17.04	10.37	23.82	26.86	27.71	29.35	34.32	2.12	23.96	16.16	23
	威远县	12.77	14.78	20.06	13.02	26.80	28.05	29.80	30.99	32.21	1.99	19.44	12.26	26
	资中县	17.17	21.68	27.53	14.74	35.32	38.81	42.86	44.64	48.69	3.01	31.52	13.92	11
	隆昌市	11.16	14.05	18.25	11.06	25.11	26.86	29.81	31.08	33.82	2.09	22.66	14.86	25
自贡市	自流井区	3.95	5.64	6.54	8.22	9.38	12.62	12.31	13.03	15.33	0.95	11.38	18.46	38
	贡井区	4.61	6.11	7.04	7.63	9.67	10.57	12.89	15.10	17.44	1.08	12.83	18.10	35
	大安区	5.71	7.55	9.44	11.56	12.70	13.16	16.92	16.05	17.94	1.11	12.23	15.38	34
	沿滩区	5.05	6.68	7.51	10.09	12.52	13.28	15.73	15.50	16.42	1.02	11.37	15.88	37
	荣县	11.48	14.11	18.74	22.60	24.70	24.70	30.17	33.83	42.64	2.64	31.16	17.82	19
	富顺县	14.94	19.02	23.20	25.87	28.75	31.30	40.03	38.02	46.90	2.90	31.96	15.38	14
宜宾市	翠屏区	14.79	22.05	21.45	25.51	30.90	33.71	33.96	37.86	44.56	2.76	29.77	14.78	17
	南溪区	7.89	9.40	13.00	15.57	18.23	20.88	22.07	23.01	26.02	1.61	18.13	16.09	29
	江安县	8.23	10.15	14.07	16.80	18.96	21.57	22.64	24.43	23.20	1.44	14.97	13.83	32
泸州市	江阳区	10.30	14.95	19.87	24.94	27.75	31.67	34.55	41.81	45.47	2.81	35.17	20.39	16
	龙马潭区	6.72	9.37	12.39	16.13	19.54	20.40	22.42	26.73	24.62	1.52	17.90	17.63	31
	泸县	13.86	18.07	24.50	28.43	32.19	37.07	40.77	43.81	52.91	3.27	39.05	18.23	9
沱江流域		639.10	839.91	853.57	921.41	1127.03	1250.41	1424.35	1460.03	1615.72	100.00	976.62	12.29	—

资料来源：《四川统计年鉴》（2011 ~2019）。

2.2.7 消费水平

沱江流域社会消费品零售总额稳步上升，但增长速度有所放缓，随时间变化的线性回归方程为：Y = 463.96X + 1326.3（R^2 = 0.9839）。2018年全流域的社会消费品零售总额5677.18亿元，较2010年（1806.37亿元）上涨3870.81亿元，年均增长速度为15.39%，高于全省增长速度（12.96%）。全流域社会消费品零售总额占四川省的比重呈波动上升的趋势，2018年占比为31.10%，较2010年上升4.86%，如表2-17所示。

表2-17 沱江流域2010~2018年社会消费品零售总额　　单位：亿元，%

年份	沱江流域	增速	四川省	增速	沱江流域占四川省的比重
2010	1806.37	—	6884.84	—	26.24
2011	2223.00	23.06	8290.84	20.42	26.81
2012	3046.66	37.05	9622.00	16.06	31.66
2013	3047.08	0.01	11001.00	14.33	27.70
2014	3465.28	13.72	12459.99	13.26	27.81
2015	4000.91	15.46	13961.40	12.05	28.66
2016	4481.80	12.02	15601.87	11.75	28.73
2017	5066.47	13.05	17480.53	12.04	28.98
2018	5677.18	12.05	18254.54	4.43	31.10

资料来源：《四川统计年鉴》（2011~2019）。

沱江流域各区（县、市）社会消费品零售总额均呈现出快速上升趋势。从增长幅度来看，金牛区、成华区和翠屏区排在前三，分别上升534.44亿元、354.21亿元和203.68亿元；茂县、井研县和贡井区排在最后三位，分别上升6.82亿元、27.74亿元和39.14亿元。从增长速度来看，绝大多数区（县、市）增长速度介于10%~20%。其中，茂县、简阳市和龙泉驿区排在前三，年均增长速度分别为20.24%、20.05%和19.15%；新都区、井研县和都江堰市排在最后三位，年均增长速度分别为12.95%、12.96%和12.95%。

总体上看，沱江流域各区（县、市）由于经济发展水平存在较大的差距，社会消费品零售总额也存在较大的差距，最高的是金牛区，2018年社会消费品零售总额为824.88亿元，占整个沱江流域的14.53%，最低的是茂县，2018年社会消费品零售总额为8.84亿元，占整个沱江流域的0.16%，两者相差约92倍。具体来看，多数区（县、市）的社会消费品零售总额介于100亿~200亿元，高于200亿元的仅有金牛区（824.88亿元）、旌阳区（227.89亿元）、成华区（473.62亿元）、自流井区（200.13亿元）、翠屏区（293.91亿元）、江阳区（210.95亿元）。低于100亿元主要集中在中下游地区的内江市和自贡市，如表2-18所示。

表 2-18 沱江流域各区（县、市）2010~2018 年社会消费品零售总额

单位：亿元，%

市（州）	区（县、市）	2010 年	2011 年	2012 年	2013 年	2014 年	2015 年	2016 年	2017 年	2018 年	占比	涨幅	均速	2018 年排名
德阳市	旌阳区	61. 37	61. 37	44. 16	101. 51	116. 64	150. 58	178. 14	202. 11	227. 89	4. 01	166. 52	17. 82	4
	罗江区	9. 15	11. 41	4. 09	15. 41	17. 62	20. 41	23. 03	26. 08	29. 59	0. 52	20. 45	15. 81	38
	中江县	61. 57	74. 30	405. 46	101. 09	115. 70	121. 00	134. 64	152. 76	173. 36	3. 05	111. 79	13. 81	9
	广汉市	56. 00	66. 59	195. 21	90. 73	104. 11	118. 31	129. 24	146. 50	166. 12	2. 93	110. 12	14. 56	11
	什邡市	28. 70	35. 35	73. 87	47. 91	54. 63	63. 71	71. 18	80. 59	90. 95	1. 60	62. 25	15. 51	24
	绵竹市	29. 01	37. 61	41. 71	51. 34	58. 96	70. 83	79. 72	90. 76	102. 87	1. 81	73. 87	17. 14	20
阿坝州	茂县	2. 02	2. 87	91. 24	4. 78	5. 51	6. 79	7. 44	8. 16	8. 84	0. 16	6. 82	20. 24	39
成都市	金牛区	290. 43	341. 53	68. 89	477. 43	542. 07	613. 59	679. 24	747. 44	824. 88	14. 53	534. 44	13. 94	1
	成华区	119. 42	164. 67	43. 35	229. 86	261. 24	293. 79	325. 74	426. 07	473. 62	8. 34	354. 21	18. 79	2
	龙泉驿区	34. 86	63. 13	71. 82	82. 77	92. 08	102. 07	112. 69	123. 70	141. 58	2. 49	106. 73	19. 15	14
	青白江区	26. 50	35. 74	47. 81	46. 69	51. 92	57. 66	63. 57	69. 64	79. 38	1. 40	52. 88	14. 70	29
	新都区	66. 43	77. 98	73. 97	102. 42	114. 10	126. 93	139. 75	153. 59	176. 01	3. 10	109. 58	12. 95	8
	郫都区	41. 98	55. 91	64. 78	68. 27	75. 75	84. 12	92. 74	101. 97	114. 98	2. 03	73. 00	13. 42	19
	金堂县	29. 55	37. 08	68. 79	48. 57	53. 62	59. 49	65. 40	71. 91	79. 64	1. 40	50. 09	13. 19	28
	都江堰市	50. 95	60. 87	44. 48	80. 62	89. 04	98. 79	108. 38	119. 36	135. 07	2. 38	84. 12	12. 96	15
	彭州市	26. 06	40. 89	18. 64	53. 62	59. 22	65. 64	72. 07	79. 07	89. 31	1. 57	63. 25	16. 64	26
	简阳市	48. 65	72. 52	75. 82	86. 09	98. 92	119. 89	139. 48	191. 68	209. 93	3. 70	161. 29	20. 05	7
资阳市	雁江区	44. 39	54. 72	67. 79	75. 49	86. 50	102. 80	116. 38	118. 77	133. 32	2. 35	88. 94	14. 74	16
	安岳县	47. 25	58. 11	34. 29	80. 12	91. 81	112. 70	127. 62	131. 73	147. 62	2. 60	100. 37	15. 30	12
	乐至县	30. 36	37. 64	42. 55	51. 79	59. 30	71. 76	81. 17	75. 54	84. 71	1. 49	54. 36	13. 69	27

续表

市（州）	区（县、市）	2010 年	2011 年	2012 年	2013 年	2014 年	2015 年	2016 年	2017 年	2018 年	占比	涨幅	均速	2018 年排名
乐山市	井研县	16.80	15.83	48.18	21.40	24.46	30.82	34.75	39.36	44.54	0.78	27.74	12.96	37
眉山市	仁寿县	53.69	64.18	45.69	88.14	100.48	120.65	135.74	152.61	169.47	2.99	115.78	15.45	10
内江市	市中区	48.52	57.47	102.51	78.47	89.57	102.87	115.46	130.09	146.45	2.58	97.93	14.81	13
	东兴区	24.01	29.01	24.36	39.73	45.39	52.21	58.46	65.68	74.16	1.31	50.15	15.14	30
	威远县	30.59	36.04	33.74	49.32	57.18	65.94	75.42	84.98	95.70	1.69	65.10	15.32	23
	资中县	34.54	40.81	28.90	55.72	63.61	73.15	80.97	91.30	95.91	1.69	61.37	13.62	22
	隆昌市	32.60	38.69	41.07	52.83	60.37	69.48	78.27	88.49	99.66	1.76	67.06	14.99	21
自贡市	自流井区	72.55	86.69	57.10	123.04	141.13	162.02	181.62	200.13	211.28	3.72	138.73	14.29	5
	贡井区	17.16	20.53	131.29	29.47	34.66	40.84	46.35	49.84	56.30	0.99	39.14	16.01	36
	大安区	23.83	28.47	29.95	39.91	45.58	52.20	58.39	64.90	73.30	1.29	49.47	15.08	32
	沿滩区	20.69	24.68	31.89	33.44	36.95	41.21	45.96	52.61	70.25	1.24	49.56	16.51	34
	荣县	29.21	34.92	90.24	48.45	55.50	63.71	71.33	79.34	89.69	1.58	60.48	15.05	25
	富顺县	40.66	48.55	28.30	67.36	76.55	87.71	97.98	108.99	123.22	2.17	82.56	14.87	17
宜宾市	翠屏区	90.23	110.65	51.96	152.79	174.57	206.50	231.73	260.95	293.91	5.18	203.68	15.91	3
	南溪区	21.27	25.26	44.16	34.85	39.90	47.90	54.13	61.39	69.62	1.23	48.36	15.98	35
	江安县	22.64	26.99	4.09	36.95	42.36	51.19	57.70	65.26	73.43	1.29	50.79	15.84	31
泸州市	江阳区	65.35	76.05	405.46	105.20	120.79	142.75	163.06	185.88	210.95	3.72	145.60	15.78	6
	龙马潭区	20.74	23.88	195.21	33.10	38.16	46.35	52.84	60.24	71.08	1.25	50.34	16.64	33
	泸县	36.63	44.01	73.87	60.40	69.32	82.57	93.97	107.01	118.57	2.09	81.94	15.82	18
沱江流域		1806.37	2223.00	3046.66	3047.08	3465.28	4000.91	4481.80	5066.47	5677.18	100.00	3870.81	15.39	—

资料来源：《四川统计年鉴》（2011 ~2019）。

2.3 沱江流域三次产业结构

2.3.1 总体概况

“十二五”规划后，我国产业结构调整提速，第一产业和第二产业比重下降及第三产业比重上升是我国产业结构变化的基本特征。沱江流域产业结构发展过程也符合“配第—克拉克定理”，第一产业和第二产业比重不断下降，第三产业比重不断上升，但是目前仍然以第二产业发展为主。具体来看，第一产业比重由2010年的12.08%下降至2018年的8.58%，下降3.50%，年均下降幅度为4.19%；第二产业比重由2010年的55.08%下降至2018年的48.01%，下降7.07%，年均下降幅度为1.70%，低于第一产业比重下降速度；第三产业比重由2010年的32.84%上升至2018年的43.43%，上升10.57%，年均涨幅3.55%，如图2－1所示。

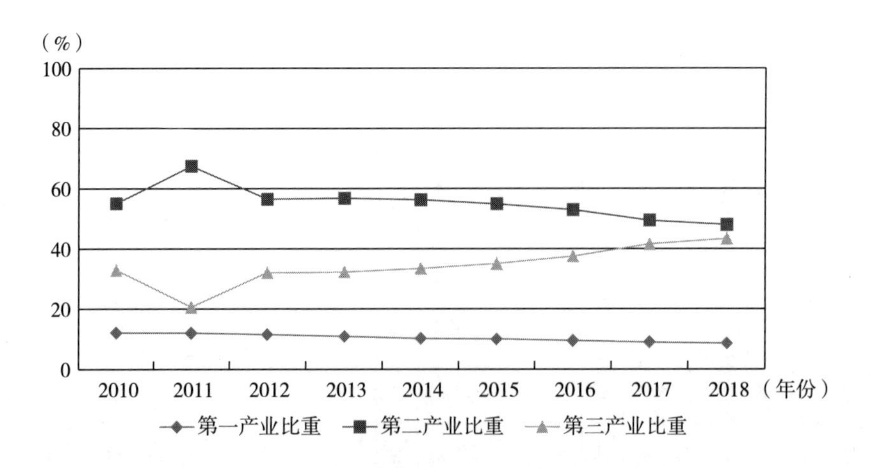

图2－1　2010～2018年沱江流域三次产业结构演变

由于经济发展基础和资源禀赋的差异，沱江流域各区（县、市）产业结构特征及演变过程存在一定差异，但多数区（县、市）呈现第一产业和第二产业比重不断下降、第三产业比重不断上升的特点，但2018年多数区（县、市）依然呈现为“二三一”的产业结构特征，仅中江县、金牛区、成华区、市中区、东兴区、资中县、自流井区、荣县几个区（县、市）呈现出“三二一”的产业结构特征，中江县、市中区、东兴区、资中县、自流井区、荣县的产业结构也是近两年由“二三一”转变为“三二一”。

2.3.2 第一产业比重

对于第一产业比重而言，中江县、东兴区、资中县、安岳县、井研县、荣县第一产业产值在各自经济结构中的比重还较高，均超过20%，2018年的比重分别为22.43%、22.68%、24.89%、23.63%、24.02%、24.19%，表明这些区（县、市）第一产业对该地区经济发展还发挥着较大的作用，但全流域各区（县、市）第一产业比重下降趋势显著，下降幅度较大的主要集中在沱江中游成都平原地区和资阳市。从变化幅度来看，多数区（县、市）集中在1%～10%，其中，金堂县、乐至县和安岳县排在前三位，分别下降12.14%、11.55%和11.26%，自流井区、金牛区和成华区排在后三位，分别下降0.01%、0.04%和0.05%；从变化速度来看，多数集中在-6%～-3%，其中，成华区、金牛区和龙泉驿区排在前三位，年均增长速度分别为-20.07%、-18.22%和-12.73%，自流井区、茂县和郫都区排在后三位，年均增长速度分别为-0.08%、-0.22%和-0.35%，如表2-19所示。

2.3.3 第二产业比重

对于第二产业比重而言，茂县、龙泉驿区、青白江区、贡井区、大安区、沿滩区、龙马潭区第二产业产值在各自经济结构中的比重较高，均超过60%，2018年的比重分别为60.38%、75.89%、68.84%、61.79%、62.64%、69.23%、65.59%，表明这些区（县、市）第二产业对该地区经济发展发挥着决定性作用。总体上看，金堂县、都江堰市、彭州市、贡井区、泸县第二产业比重呈现出先上升后下降的特征，其他区（县、市）呈现出持续下降的特征，下降幅度较大的都集中在沱江中下游的内江市各区（县、市）。从变化幅度看，多数区（县、市）集中在1%～10%，自流井区、东兴区和市中区排在前三位，下降幅度分别为32.74%、-27.43%和21.95%，沿滩区、茂县、龙泉驿区、金堂县、都江堰市、彭州市、贡井区、沿滩区2018年第二产业比重较2010年还有小幅度的上升；从变化速度来看，多数区（县、市）集中在1%～5%，其中，自流井区、东兴区和成华区下降速度排在前三位，年均增长速度分别为-9.88%、-8.68%和-6.18%，如表2-20所示。

表 2-19　沱江流域各区（县、市）2010~2018 年第一产业比重

单位：%

市（州）	区(县、市)	2010 年	2011 年	2012 年	2013 年	2014 年	2015 年	2016 年	2017 年	2018 年	均速	涨幅
德阳市	旌阳区	8.64	8.04	7.73	6.57	6.06	6.00	6.03	5.80	5.49	-5.51	-3.15
	罗江区	25.89	24.64	24.07	24.19	22.04	21.18	19.75	18.77	17.23	-4.96	-8.66
	中江县	32.81	31.01	30.75	29.04	28.40	27.49	25.56	24.08	22.43	-4.64	-10.38
	广汉市	14.29	13.67	12.50	11.03	9.73	9.47	9.34	8.50	8.28	-6.59	-6.01
	什邡市	13.26	12.37	11.33	11.28	10.80	10.92	10.91	10.22	9.56	-4.01	-3.70
	绵竹市	15.62	14.88	15.04	13.22	12.42	12.47	12.66	11.19	10.67	-4.65	-4.95
阿坝州	茂县	18.07	13.72	14.18	13.59	14.08	15.13	15.62	16.59	17.76	-0.22	-0.31
成都市	金牛区	0.05	0.04	0.03	0.02	0.02	0.01	0.01	0.01	0.01	-18.22	-0.04
	成华区	0.06	0.05	0.04	0.03	0.03	0.02	0.01	0.01	0.01	-20.07	-0.05
	龙泉驿区	6.69	6.03	4.35	3.25	2.65	2.59	2.58	2.33	2.25	-12.73	-4.44
	青白江区	5.18	5.29	4.71	4.46	4.00	4.01	3.92	3.58	3.32	-5.41	-1.86
	新都区	5.83	5.36	5.03	4.71	4.37	4.26	4.18	3.86	3.73	-5.43	-2.10
	郫都区	4.32	6.42	5.82	5.58	5.09	4.94	4.82	4.48	4.20	-0.35	-0.12
	金堂县	23.73	21.32	18.42	16.76	15.20	14.21	13.43	12.38	11.59	-8.57	-12.14
	都江堰市	12.09	11.75	10.64	9.75	8.92	8.65	8.37	7.80	7.39	-5.97	-4.70
	彭州市	20.53	20.13	18.54	16.94	14.05	13.37	13.35	12.41	13.10	-5.46	-7.43
	简阳市	20.73	19.93	19.71	19.27	18.10	17.63	16.04	15.04	14.24	-4.59	-6.49
资阳市	雁江区	15.45	14.59	14.54	14.29	13.40	13.20	10.55	10.20	10.22	-5.03	-5.23
	安岳县	34.89	33.69	33.50	32.87	31.16	30.35	24.70	23.57	23.63	-4.75	-11.26
	乐至县	27.03	26.11	25.79	25.25	23.63	22.90	17.12	16.06	15.48	-6.73	-11.55

续表

市（州）	区（县、市）	2010年	2011年	2012年	2013年	2014年	2015年	2016年	2017年	2018年	均速	涨幅
乐山市	井研县	29.95	28.06	26.93	26.44	25.65	25.19	25.04	24.04	24.02	-2.72	-5.93
眉山市	仁寿县	24.49	23.59	22.92	22.20	20.87	20.53	20.03	19.86	19.78	-2.63	-4.71
内江市	市中区	6.91	7.01	7.35	7.28	6.78	6.72	6.32	6.34	6.30	-1.15	-0.61
	东兴区	21.33	20.87	20.81	20.58	19.82	20.58	23.05	23.34	22.68	0.77	1.35
	威远县	13.20	13.02	13.52	13.16	12.69	13.28	13.43	14.27	13.96	0.70	0.76
	资中县	26.48	26.89	27.18	26.78	25.81	26.83	25.80	24.78	24.89	-0.77	-1.59
	隆昌市	13.69	13.80	14.32	14.42	13.51	12.48	12.22	12.14	11.86	-1.78	-1.83
自贡市	自流井区	1.53	1.52	1.54	1.53	1.45	1.45	1.45	1.60	1.52	-0.08	-0.01
	贡井区	15.75	14.84	14.18	13.41	12.47	12.17	11.96	10.82	9.91	-5.63	-5.84
	大安区	8.33	7.94	7.63	7.31	6.89	6.77	6.74	6.84	6.48	-3.09	-1.85
	沿滩区	17.03	16.04	15.21	14.24	13.53	13.03	12.47	10.63	9.76	-6.72	-7.27
	荣县	25.56	24.58	23.51	23.58	22.40	21.88	21.33	23.22	24.19	-0.69	-1.37
	富顺县	21.38	20.52	20.06	19.01	17.93	17.69	17.36	16.24	15.76	-3.74	-5.62
宜宾市	翠屏区	4.45	4.74	4.63	4.43	4.39	4.36	4.36	3.93	3.67	-2.38	-0.78
	南溪区	23.58	21.58	20.85	20.57	19.39	19.26	18.97	17.89	16.89	-4.09	-6.69
	江安县	22.57	20.55	19.99	19.54	18.72	18.43	17.87	17.00	16.19	-4.07	-6.38
泸州市	江阳区	6.14	6.01	5.78	5.80	5.34	4.95	4.84	4.55	4.48	-3.86	-1.66
	龙马潭区	6.52	6.14	5.76	5.50	5.02	5.01	4.90	4.69	4.51	-4.50	-2.01
	泸县	22.09	20.83	19.76	19.40	18.07	18.02	17.02	16.42	16.04	-3.92	-6.05
沱江流域		12.08	11.98	11.47	10.87	10.20	10.01	9.47	8.92	8.58	-4.19	-3.50

资料来源：《四川统计年鉴》（2011～2019）。

表 2-20 沱江流域各区（县、市）2010~2018 年第二产业比重

单位：%

市（州）	区（县、市）	2010 年	2011 年	2012 年	2013 年	2014 年	2015 年	2016 年	2017 年	2018 年	均速	涨幅
德阳市	旌阳区	64.12	65.64	64.58	64.56	62.51	57.88	55.22	49.53	49.64	-3.15	-14.48
	罗江区	54.64	57.22	58.44	58.53	59.85	57.98	52.82	49.25	50.42	-1.00	-4.22
	中江县	38.80	41.31	42.07	43.45	43.68	42.16	42.47	37.44	38.37	-0.14	-0.43
	广汉市	57.01	59.65	60.97	62.47	63.76	60.62	60.15	51.21	51.12	-1.35	-5.89
	什邡市	59.65	62.29	63.66	63.14	62.64	59.78	55.36	50.09	50.51	-2.06	-9.14
	绵竹市	60.36	62.55	63.07	62.62	63.74	60.75	56.40	51.20	51.59	-1.94	-8.77
阿坝州	茂县	57.82	66.26	67.14	68.07	68.16	65.19	63.73	63.08	60.38	0.54	2.56
成都市	金牛区	28.96	28.96	26.77	25.71	23.49	22.20	20.61	20.85	20.29	-4.35	-8.67
	成华区	30.16	29.74	27.42	25.74	20.40	19.62	18.28	18.16	18.10	-6.18	-12.06
	龙泉驿区	69.78	71.96	76.52	80.53	81.13	78.45	76.83	77.18	75.89	1.05	6.11
	青白江区	74.11	75.02	74.57	74.18	73.49	72.89	71.21	71.04	68.84	-0.92	-5.27
	新都区	65.33	64.61	63.78	62.74	61.29	60.43	59.39	59.49	57.91	-1.50	-7.42
	郫都区	70.01	61.51	60.38	58.87	58.30	58.17	57.13	58.21	57.29	-2.48	-12.72
	金堂县	38.62	42.35	46.32	47.59	47.42	46.58	45.80	47.09	46.86	2.45	8.24
	都江堰市	34.74	36.28	36.59	37.14	37.58	36.98	36.30	36.61	36.24	0.53	1.50
	彭州市	48.45	50.28	51.19	51.84	58.76	59.17	56.79	57.75	53.19	1.17	4.74
	简阳市	54.20	56.59	57.24	57.07	57.34	56.58	54.01	54.57	54.12	-0.02	-0.08
资阳市	雁江区	63.15	64.70	65.30	64.97	65.18	64.44	63.82	57.45	55.65	-1.57	-7.50
	安岳县	39.72	41.87	42.69	43.07	43.60	43.19	43.66	39.64	38.82	-0.29	-0.90
	乐至县	47.57	49.92	50.68	50.81	51.26	50.70	50.33	45.54	44.12	-0.94	-3.45

续表

市（州）	区（县、市）	2010 年	2011 年	2012 年	2013 年	2014 年	2015 年	2016 年	2017 年	2018 年	均速	涨幅
乐山市	井研县	46.73	49.65	50.46	50.18	49.01	48.95	43.89	35.97	35.30	-3.45	-11.43
眉山市	仁寿县	50.26	52.44	53.30	53.32	53.42	53.11	49.88	43.03	41.80	-2.28	-8.46
内江市	市中区	68.40	70.04	69.54	68.73	67.97	66.62	65.16	55.86	46.45	-4.72	-21.95
	东兴区	53.13	55.46	56.18	55.65	55.45	52.30	41.94	29.86	25.70	-8.68	-27.43
	威远县	69.89	71.46	71.10	71.09	70.57	68.32	66.61	61.09	56.04	-2.72	-13.85
	资中县	48.18	50.09	50.09	49.84	49.87	46.81	44.35	38.24	36.62	-3.37	-11.56
	隆昌市	62.08	63.83	63.46	62.01	61.78	63.37	62.62	55.73	44.82	-3.99	-17.26
自贡市	自流井区	57.94	58.66	58.23	56.40	54.40	51.03	46.08	28.38	25.20	-9.88	-32.74
	贡井区	60.31	62.43	63.89	64.17	64.35	63.98	63.91	62.25	61.79	0.30	1.48
	大安区	70.44	71.73	72.85	73.03	72.79	72.25	70.10	63.88	62.64	-1.46	-7.80
	沿滩区	60.91	62.97	64.97	66.89	67.57	67.75	68.12	69.43	69.23	1.61	8.32
	荣县	47.36	49.95	51.93	51.15	51.52	51.12	51.11	39.22	37.73	-2.80	-9.63
	富顺县	48.81	51.19	52.77	53.53	53.55	53.12	51.29	46.47	46.41	-0.63	-2.40
宜宾市	翠屏区	69.04	69.25	69.25	67.90	64.91	63.88	59.04	51.73	52.29	-3.41	-16.75
	南溪区	49.90	55.13	56.13	55.99	56.46	55.11	52.36	47.86	47.90	-0.51	-2.00
	江安县	52.08	58.07	58.94	59.76	59.47	58.87	56.81	51.55	51.29	-0.19	-0.79
泸州市	江阳区	61.23	64.42	65.34	64.60	64.58	65.28	63.72	54.44	52.95	-1.80	-8.28
	龙马潭区	67.67	71.23	71.90	71.70	71.33	70.25	69.53	67.04	65.59	-0.39	-2.08
	泸县	54.06	57.94	59.19	58.57	58.96	57.45	58.57	55.41	54.30	0.06	0.24
沱江流域		55.08	67.40	56.46	56.76	56.27	54.89	52.93	49.46	48.01	-1.70	-7.07

资料来源：《四川统计年鉴》（2011～2019）。

2.3.4 第三产业比重

对于第三产业比重而言，茂县、龙泉驿区、青白江区、贡井区、沿滩区、龙马潭区、泸县第三产业产值在各自经济结构中的比重较低，低于30%，2018年的比重分别为21.86%、21.86%、27.84%、28.30%、21.01%、29.90%、29.66%。仅茂县、龙泉驿区和沿滩区先下降后上升的特征显著，其他各区（县、市）整体呈现出快速上升的趋势，均在2011年出现下降，上升幅度较大的集中在沱江流域上游德阳市各区（县、市），沱江中游资阳市、乐山市、眉山市、内江市的各区（县、市）。从变化幅度看，自流井区、东兴区和市中区排在前三位，分别上升32.75%、26.08%和22.56%，茂县、龙泉驿区和沿滩区2018年第三产业的比重较2010年相比还有小幅度下降，分别下降2.25%、1.67%和1.05%；从变化速度看，东兴区、市中区、自流井区位居前三，年均增长速度分别为9.19%、8.45%和7.68%，沿滩区、龙泉驿、区茂县排后三位，年均增长速度分别为-0.61%、0.92%、1.22%，如表2-21所示。

2.4 沱江流域社会发展概况

2.4.1 人口发展规模

沱江流域各区（县、市）人口规模变化差异显著。从人口涨幅来看，大致呈现出人口上涨、人口停滞和人口减少三种类型，阿坝州、成都市和乐山市平均人口规模呈增长状态，涨幅分别为0.20%、12.13%和0.90%；德阳市、资阳市、眉山市、内江市、自贡市、宜宾市和泸州市平均人口规模呈下降水平，人口涨幅分别为-4.93%、-34.37%、-39.30%、-11.12%、-0.57%、-4.20%和-6.43%；也有些地区人口规模未发生变化，比如内江市市中区和自贡市沿滩区在2010~2018年人口涨幅为0。成都市作为四川省省会，人口增幅自然最大，资阳市和眉山市因毗邻成都市，受卫星城市辐射影响，人口向中心城市转移的趋势愈加明显，因此各辖区人口规模下降迅猛。

从人口规模增长速度来看，出现人口增速较快、人口增速较慢、人口增速不变、人口下降速度较快和人口下降速度较慢五种特征。2010~2018年，德阳市中江区人口年均增速达到20.15%，成都市金牛区和郫都区也表现明显，年均增

表2-21 沱江流域各区（县、市）2010~2018年第三产业比重

单位：%

市（州）	区（县、市）	2010年	2011年	2012年	2013年	2014年	2015年	2016年	2017年	2018年	均速	涨幅
德阳市	旌阳区	27.24	26.32	27.69	28.87	31.43	36.12	38.75	44.67	44.87	6.44	17.63
	罗江区	19.47	18.14	17.49	17.28	18.11	20.84	27.43	31.98	32.35	6.55	12.88
	中江县	28.39	27.68	27.18	27.51	27.92	30.35	31.97	38.48	39.20	4.12	10.81
	广汉市	28.70	26.68	26.53	26.50	26.51	29.91	30.51	40.29	40.60	4.43	11.90
	什邡市	27.09	25.34	25.01	25.58	26.56	29.30	33.73	39.69	39.93	4.97	12.84
	绵竹市	24.02	22.57	21.89	24.16	23.84	26.78	30.94	37.61	37.74	5.81	13.72
阿坝州	茂县	24.11	20.02	18.68	18.34	17.76	19.68	20.65	20.33	21.86	-1.22	-2.25
成都市	金牛区	70.99	71.00	73.20	74.27	76.49	77.79	79.38	79.14	79.70	1.46	8.71
	成华区	69.78	70.21	72.54	74.23	79.57	80.36	81.71	81.83	81.89	2.02	12.11
	龙泉驿区	23.53	22.01	19.13	16.22	16.22	18.96	20.59	20.49	21.86	-0.92	-1.67
	青白江区	20.71	19.69	20.72	21.36	22.51	23.10	24.87	25.38	27.84	3.77	7.13
	新都区	28.84	30.03	31.19	32.55	34.34	35.31	36.43	36.65	38.36	3.63	9.52
	郫都区	25.67	32.07	33.80	35.55	36.61	36.89	38.05	37.31	38.51	5.20	12.84
	金堂县	37.65	36.33	35.26	35.65	37.38	39.21	40.77	40.53	41.55	1.24	3.90
	都江堰市	53.17	51.97	52.77	53.11	53.50	54.37	55.33	55.59	56.37	0.73	3.20
	彭州市	31.02	29.59	30.27	31.22	27.19	27.46	29.86	29.84	33.71	1.04	2.69
	简阳市	25.07	23.48	23.05	23.66	24.56	25.79	29.95	30.39	31.64	2.95	6.57
资阳市	雁江区	21.4	20.71	20.16	20.74	21.42	22.36	25.63	32.35	34.13	6.01	12.73
	安岳县	25.39	24.44	23.81	24.06	25.24	26.46	31.64	36.79	37.55	5.01	12.16
	乐至县	25.4	23.97	23.53	23.94	25.11	26.40	32.55	38.40	40.40	5.97	15.00

续表

市（州）	区（县、市）	2010 年	2011 年	2012 年	2013 年	2014 年	2015 年	2016 年	2017 年	2018 年	均速	涨幅
乐山市	井研县	23. 32	22. 29	22. 61	23. 38	25. 34	25. 86	31. 07	39. 99	40. 68	7. 20	17. 36
眉山市	仁寿县	25. 25	23. 97	23. 78	24. 48	25. 71	26. 36	30. 09	37. 11	38. 42	5. 39	13. 17
内江市	市中区	24. 69	22. 95	23. 11	23. 99	25. 25	26. 66	28. 52	37. 80	47. 25	8. 45	22. 56
	东兴区	25. 54	23. 67	23. 01	23. 77	24. 73	27. 12	35. 01	46. 80	51. 62	9. 19	26. 08
	威远县	16. 91	15. 52	15. 38	15. 75	16. 74	18. 40	19. 96	24. 64	30. 00	7. 43	13. 09
	资中县	25. 34	23. 02	22. 73	23. 38	24. 32	26. 36	29. 85	36. 98	38. 49	5. 36	13. 15
	隆昌市	24. 23	22. 37	22. 22	23. 57	24. 71	24. 15	25. 16	32. 13	43. 32	7. 53	19. 09
自贡市	自流井区	40. 53	39. 82	40. 23	42. 07	44. 15	47. 52	52. 47	70. 02	73. 28	7. 68	32. 75
	贡井区	23. 94	22. 73	21. 93	22. 42	23. 18	23. 85	24. 13	26. 93	28. 30	2. 11	4. 36
	大安区	21. 23	20. 33	19. 52	19. 66	20. 32	20. 98	23. 16	29. 28	30. 88	4. 80	9. 65
	沿滩区	22. 06	20. 99	19. 82	18. 87	18. 90	19. 22	19. 41	19. 94	21. 01	-0. 61	-1. 05
	荣县	27. 08	25. 47	24. 56	25. 27	26. 08	27. 00	27. 56	37. 56	38. 08	4. 35	11. 00
	富顺县	29. 81	28. 29	27. 17	27. 46	28. 52	29. 19	31. 35	37. 29	37. 83	3. 02	8. 02
宜宾市	翠屏区	26. 51	26. 01	26. 12	27. 67	30. 70	31. 76	36. 60	44. 34	44. 04	6. 55	17. 53
	南溪区	26. 52	23. 29	23. 02	23. 44	24. 15	25. 63	28. 67	34. 25	35. 21	3. 61	8. 69
	江安县	25. 35	21. 38	21. 07	20. 70	21. 81	22. 70	25. 32	31. 45	32. 52	3. 16	7. 17
泸州市	江阳区	32. 63	29. 57	28. 88	29. 60	30. 08	29. 77	31. 44	41. 01	42. 57	3. 38	9. 94
	龙马潭区	25. 81	22. 63	22. 34	22. 80	23. 65	24. 74	25. 57	28. 27	29. 90	1. 86	4. 09
	泸县	23. 85	21. 23	21. 05	22. 03	22. 97	24. 53	24. 41	28. 17	29. 66	2. 76	5. 81
沱江流域		32. 84	20. 62	32. 07	32. 37	33. 53	35. 10	37. 60	41. 62	43. 41	3. 55	10. 57

速为6.82%和6.73%；乐山市井研县和阿坝州茂县人口以平均0.27%和0.23%的速度增长，人口上涨速度较慢；内江市市中区和自贡市沿滩区人口没有较大变化；德阳市罗江区人口以每年20.52%的速度在下降，人口规模变化尤为明显，而德阳市广汉市年均人口下降速度仅为0.02%，同一城市间人口规模变动差异幅度巨大，如表2－22所示。

2.4.2　城镇人口

沱江流域各区（县、市）城镇人口规模均呈增长的趋势。从人口涨幅来看，成都市、泸州市、内江市、宜宾市和资阳市城镇人口平均增长率较高，分别为22.40%、20.90%、18.62%、18.10%和17.27%，乐山市、自贡市和阿坝州城镇人口增幅较小，人口平均增长率分别为8.50%、8.03%和2.70%，这一趋势与经济发展水平相吻合，经济发展越快，城镇人口涨幅越大，经济发展较慢的地区，城镇人口涨幅也较慢。从各区（县）来看，城镇人口涨幅最快的集中在成都市各辖区，如金牛区和龙泉驿区涨幅分别为49.9%和41.4%，宜宾市的翠屏区涨幅达到31.4%。值得一提的是，沱江流域沿岸45个县区仅有成都市金堂区和德阳市罗江区出现城镇人口下降的情况，从城镇人口增长速度来看，区域间城镇人口增速差异较大，年均增速在2.59%～32.29%，德阳市中江县年均增长32.29%，与地区总人口增速特点表现一致，泸州市泸县和内江市东兴区城镇人口增长速度也很快，年均增长率分别为17.42%和15.14%，成都市金堂区和德阳市罗江区城镇人口以每年8.67%和55.82%的速度在下降，如表2－23所示。

沱江流域各区（县、市）城镇化率表现为上升的特征，且各地区之间涨幅差异较大，涨幅在12.28%～38.23%。泸州市龙马潭区、内江市东兴区、宜宾市南溪区和德阳市罗江区、城镇化率涨幅尤其突出，分别为38.23%、37.08%、35.73%和33.37%，这些城市新区经济发展后劲十足，还有很大的上升空间；相对地，城市老区或偏离城中心区域城镇化率增幅较小，如德阳市旌阳区、成都彭州市和自贡市自流井区城镇化率涨幅分别为13.43%、14.5%和12.28%；当然，也有城镇化率已经为100%的城市，如成都市金牛区和成华区近十年来城镇化率涨幅为0，表明其城镇化水平很高。

从城镇化率增长速度来看，随着各城市行政划分的变动，各区城镇化率增长速度也随之改变，如德阳市罗江区和成都市简阳市增幅显著，城镇化率年均增速分别为17.73%和13.68%；由于城市发展重心转移，一些新城区或县区城镇化水平提升迅猛，如内江市东兴区、资阳市安岳县、宜宾市江安县和泸州市泸县，城镇化率年均增速分别为16.63%、15.46%、16.41%和20.67%。老城区城镇化

表 2-22　沱江流域各区（县、市）2010～2018 年人口规模

单位：万人，%

市（州）	区（县、市）	2010 年	2011 年	2012 年	2013 年	2014 年	2015 年	2016 年	2017 年	2018 年	占比	涨幅	均速	2018 年排名
德阳市	旌阳区	66.2	67.6	68.3	68.8	74.38	74.70	74.80	75.50	76.0	2.87	9.80	-1.66	17
	罗江区	143.1	24.9	25.0	25.1	22.20	22.10	107.84	22.30	22.8	0.86	-2.00	1.32	38
	中江县	24.8	143.2	143.1	142.9	108.00	108.10	22.20	107.61	107.7	4.07	-35.40	3.50	5
	广汉市	60.3	60.5	60.6	60.7	59.60	59.20	59.60	60.10	60.2	2.27	-0.10	0.04	22
	什邡市	43.5	43.7	43.8	43.8	41.70	41.81	41.86	41.91	41.8	1.58	-1.70	0.46	32
	绵竹市	51.3	50.6	50.7	50.7	45.21	45.41	45.67	45.74	46.0	1.74	-5.30	1.42	28
阿坝州	茂县	11.0	11.1	11.1	11.2	10.72	10.76	11.09	11.08	11.2	0.42	0.20	-0.09	39
成都市	金牛区	71.8	72.3	73.2	74.1	120.29	120.35	121.13	121.43	121.7	4.60	49.90	-6.79	1
	成华区	64.3	66.0	67.5	68.8	94.30	94.40	94.56	94.65	95.4	3.60	31.10	-4.95	7
	龙泉驿区	59.2	59.9	60.4	61.5	80.94	84.02	85.95	87.23	91.4	3.45	32.20	-4.96	9
	青白江区	41.0	41.4	41.3	41.5	39.55	39.87	40.21	40.67	42.9	1.62	1.90	0.10	29
	新都区	68.3	69.0	69.7	70.2	81.41	84.86	88.39	90.12	90.6	3.42	22.30	-3.53	10
	郫都区	50.9	51.3	51.9	52.6	81.73	82.52	84.02	84.78	85.7	3.24	34.80	-6.59	13
	金堂县	88.5	88.9	89.0	89.2	72.50	72.58	71.60	70.10	71.4	2.70	-17.10	2.87	18
	都江堰市	61.0	61.2	61.4	61.6	67.12	68.02	68.50	69.09	69.7	2.63	8.70	-1.57	19
	彭州市	80.0	80.5	80.3	80.6	77.05	77.13	77.75	77.79	77.8	2.94	-2.20	0.35	15
	简阳市	146.8	147.6	148.1	148.6	104.59	105.22	106.45	104.76	106.5	4.02	-40.30	4.13	6
资阳市	雁江区	108.9	109.5	109.9	110.4	87.29	87.78	90.19	91.74	91.4	3.45	-17.50	2.12	8
	安岳县	159.6	160.7	161.7	162.6	111.47	112.41	112.62	112.41	109.5	4.13	-50.10	4.29	4
	乐至县	85.8	86.1	86.2	85.7	51.37	51.52	51.24	51.16	50.3	1.90	-35.50	6.26	27

续表

市（州）	区（县、市）	2010年	2011年	2012年	2013年	2014年	2015年	2016年	2017年	2018年	占比	涨幅	均速	2018年排名
乐山市	井研县	41.8	41.6	41.6	41.5	29.25	29.60	29.80	30.15	42.7	1.61	0.90	4.00	31
眉山市	仁寿县	159.4	160.1	159.6	160.2	122.81	122.62	121.92	119.42	120.1	4.53	-39.30	3.55	2
内江市	市中区	53.1	53.3	53.5	53.6	51.57	52.07	52.96	53.52	53.1	2.01	0.00	-0.10	25
	东兴区	88.3	88.6	88.8	89.2	76.15	76.53	76.53	77.53	79.7	3.01	-8.60	1.61	14
	威远县	74.7	74.8	74.8	74.6	59.52	59.57	59.27	58.63	59.1	2.23	-15.60	2.98	23
	资中县	131.1	130.9	130.8	130.6	121.41	121.12	121.12	120.91	115.7	4.37	-15.40	1.01	3
	隆昌市	78.3	78.5	78.7	78.8	64.61	64.68	64.78	64.78	62.3	2.35	-16.00	2.34	20
自贡市	自流井区	35.2	35.3	35.6	36.2	39.06	41.05	41.09	48.72	50.6	1.91	15.40	-4.15	26
	贡井区	29.5	29.6	29.7	29.7	26.50	26.46	28.84	28.55	29.2	1.10	-0.30	0.41	37
	大安区	45.9	45.8	45.8	45.9	38.45	37.90	37.82	43.38	43.0	1.62	-2.90	0.70	30
	沿滩区	38.8	39.1	39.4	39.5	28.68	29.48	31.48	34.90	38.8	1.47	0.00	1.32	34
	荣县	69.6	69.6	69.6	69.4	59.04	59.12	59.38	57.20	54.0	2.04	-15.60	2.42	24
	富顺县	107.0	107.7	108.4	109.0	82.85	83.01	79.47	77.39	76.4	2.88	-30.60	3.97	16
宜宾市	翠屏区	80.9	81.4	82.1	83.0	84.90	85.26	86.69	87.79	89.2	3.37	8.30	-1.03	11
	南溪区	42.3	42.8	43.1	43.5	33.93	34.10	34.29	34.55	34.8	1.31	-7.50	2.50	36
	江安县	55.3	55.4	55.7	56.1	41.53	41.71	41.71	41.76	41.9	1.58	-13.40	3.45	33
泸州市	江阳区	63.9	64.1	64.9	65.6	60.15	60.70	61.12	61.65	62.0	2.34	-1.90	0.45	21
	龙马潭区	34.5	34.9	35.2	35.7	35.74	35.97	37.33	38.24	38.5	1.45	4.00	-1.29	35
	泸县	108.6	108.7	108.7	108.9	84.74	86.62	86.89	87.01	87.2	3.29	-21.40	2.73	12
沱江流域		2824.5	2838.2	2849.2	2861.6	2572.32	2590.33	2608.16	2626.25	2648.3	100.00	-176.20	8.02	—

资料来源：《四川统计年鉴》（2011～2019）。

表 2-23 沱江流域各区（县、市）2010~2018 年城镇人口规模

单位：万人，%

市（州）	区(县、市)	2010 年	2011 年	2012 年	2013 年	2014 年	2015 年	2016 年	2017 年	2018 年	占比	涨幅	均速	2018 年排名
德阳市	旌阳区	37.6	39.5	40.6	41.9	48.86	49.83	50.63	52.07	53.4	3.53	15.8	4.48	7
	罗江区	17.8	5.1	5.2	5.8	9.05	9.23	41.09	9.91	10.4	0.69	-7.4	-6.50	38
	中江县	4.7	18.3	19.1	20.7	38.44	39.99	9.59	42.61	44.1	2.92	39.4	32.29	14
	广汉市	20.6	21.4	21.9	23.9	29.21	29.61	30.47	31.43	32.4	2.14	11.8	5.82	21
	什邡市	9.5	9.7	9.7	10.7	19.70	20.26	20.75	21.37	21.9	1.45	12.4	11.00	30
	绵竹市	13.2	13.3	14.0	14.4	20.70	21.36	21.98	22.65	23.4	1.55	10.2	7.42	28
阿坝州	茂县	2.7	2.8	2.8	2.8	4.67	4.81	5.08	5.21	5.4	0.36	2.7	9.05	39
成都市	金牛区	71.8	72.3	73.2	74.1	120.29	120.35	121.13	121.43	121.7	8.05	49.9	6.82	1
	成华区	64.3	66.0	67.5	68.8	94.30	94.40	94.56	94.65	95.4	6.31	31.1	5.06	2
	龙泉驿区	23.7	30.1	31.3	31.9	50.83	54.19	57.31	60.00	65.1	4.31	41.4	13.46	4
	青白江区	14.6	15.3	15.2	15.2	19.98	20.68	21.35	22.23	24.7	1.63	10.1	6.79	27
	新都区	33.8	39.5	39.9	40.4	50.72	54.58	58.60	61.47	64.2	4.25	30.4	8.35	5
	郫都区	27.1	21.4	22.2	22.6	52.72	54.34	57.23	60.04	62.0	4.10	34.9	10.90	6
	金堂县	66.1	23.2	22.9	22.9	26.68	27.59	28.71	29.51	32.0	2.12	-34.1	-8.67	22
	都江堰市	17.3	39.7	39.7	39.8	36.62	38.00	39.50	40.74	42.0	2.78	24.7	11.73	15
	彭州市	26.0	26.5	26.4	26.4	30.84	31.68	33.11	34.68	36.6	2.42	10.6	4.37	18
	简阳市	24.3	25.7	26.5	27.5	42.17	43.76	45.02	45.73	49.3	3.26	25.0	9.25	8
资阳市	雁江区	22.8	25.0	25.5	26.3	41.64	42.97	45.48	47.39	48.3	3.20	25.5	9.84	9
	安岳县	18.3	19.3	19.9	20.2	34.49	36.39	37.98	39.28	39.8	2.63	21.5	10.20	17
	乐至县	14.4	14.8	15.4	15.2	17.20	17.87	18.36	18.88	19.2	1.27	4.8	3.66	33

续表

市（州）	区(县、市)	2010年	2011年	2012年	2013年	2014年	2015年	2016年	2017年	2018年	占比	涨幅	均速	2018年排名
乐山市	井研县	8.8	9.2	9.6	9.7	9.95	10.49	10.99	11.55	17.3	1.14	8.5	8.82	35
眉山市	仁寿县	30.2	30.9	31.7	32.6	39.74	41.44	43.00	43.67	45.8	3.03	15.6	5.34	12
内江市	市中区	22.5	22.7	23.1	23.3	28.18	28.93	29.83	30.56	31.0	2.05	8.5	4.09	24
	东兴区	13.5	14.3	15.3	16.2	35.72	36.99	37.86	39.51	41.7	2.76	28.2	15.14	16
	威远县	16.7	18.0	18.3	18.5	26.60	27.51	28.01	28.63	29.8	1.97	13.1	7.51	26
	资中县	17.5	18.4	18.4	18.6	42.19	43.87	45.18	46.45	45.2	2.99	27.7	12.59	13
	隆昌市	18.3	19.3	19.5	19.8	32.33	33.27	34.09	34.65	33.9	2.24	15.6	8.01	20
自贡市	自流井区	28.1	28.3	28.5	29.0	34.79	36.79	37.03	44.05	46.6	3.08	18.5	6.53	11
	贡井区	10.1	10.4	10.4	10.4	12.83	13.08	14.50	14.43	15.2	1.01	5.1	5.24	37
	大安区	17.4	17.1	17.4	17.6	18.67	18.81	19.11	22.04	22.6	1.50	5.2	3.32	29
	沿滩区	8.6	8.9	9.3	9.4	10.80	11.47	12.66	14.12	16.4	1.09	7.8	8.40	36
	荣县	17.2	18.5	19.9	19.9	20.99	21.61	22.34	21.75	21.1	1.40	3.9	2.59	31
	富顺县	24.0	25.1	25.9	26.2	29.93	30.88	31.00	31.35	31.7	2.10	7.7	3.54	23
宜宾市	翠屏区	37.7	38.0	38.8	39.4	61.19	62.35	64.70	66.80	69.1	4.57	31.4	7.87	3
	南溪区	8.1	8.7	9.0	9.1	16.72	17.20	17.80	18.45	19.1	1.26	11.0	11.32	34
	江安县	7.7	8.1	8.1	8.2	17.11	17.77	18.36	18.96	19.6	1.30	11.9	12.39	32
泸州市	江阳区	27.0	27.7	28.4	51.4	43.80	44.66	45.37	46.25	47.0	3.11	20.0	7.17	10
	龙马潭区	13.9	14.6	15.0	28.5	27.21	27.57	28.83	29.79	30.2	2.00	16.3	10.19	25
	泸县	10.1	10.5	10.5	12.9	30.01	31.52	33.16	34.55	36.5	2.42	26.4	17.42	19
沱江流域		868.0	877.6	896.0	952.2	1327.87	1368.10	1411.75	1458.84	1511.1	100.00	643.1	8.02	—

资料来源：《四川统计年鉴》（2011～2019）。

表 2-24 沱江流域各区（县、市）2010~2018 年城镇化率

单位：%

市（州）	区（县、市）	2010 年	2011 年	2012 年	2013 年	2014 年	2015 年	2016 年	2017 年	2018 年	涨幅	均速
德阳市	旌阳区	56.8	58.4	59.4	60.9	65.70	66.71	67.69	68.97	70.23	13.43	2.69
	罗江区	12.4	20.5	20.8	23.1	40.76	41.76	38.10	44.44	45.77	33.37	17.73
	中江县	19.0	12.8	13.3	14.5	35.60	37.00	43.20	39.60	40.91	21.91	10.06
	广汉市	34.2	35.4	36.1	39.4	49.01	50.02	51.12	52.30	53.77	19.57	5.82
	什邡市	21.8	22.2	22.1	24.4	47.24	48.46	49.57	50.99	52.50	30.70	11.61
	绵竹市	25.7	26.3	27.6	28.4	45.79	47.04	48.13	49.52	50.88	25.18	8.91
阿坝州	茂县	24.5	25.2	25.2	25.5	43.59	44.68	45.79	47.02	48.01	23.51	8.77
成都市	金牛区	100.0	100.0	100.0	100.0	100.00	100.00	100.00	100.00	100.00	0.00	0.00
	成华区	100.0	100.0	100.0	100.0	100.00	100.00	100.00	100.00	100.00	0.00	0.00
	龙泉驿区	40.0	50.3	51.8	51.9	62.80	64.50	66.68	68.78	71.26	31.26	7.49
	青白江区	35.6	37.0	36.8	36.6	50.52	51.87	53.10	54.65	57.60	22.00	6.20
	新都区	49.5	57.2	57.2	57.5	62.30	64.32	66.30	68.21	70.86	21.36	4.59
	郫都区	46.8	41.7	42.8	43.0	64.50	65.85	68.12	70.82	72.45	25.65	5.61
	金堂县	25.3	26.1	25.7	25.7	36.80	38.01	40.10	42.10	44.80	19.50	7.40
	都江堰市	28.4	64.9	64.7	64.6	54.56	55.86	57.66	58.97	60.20	31.80	9.85
	彭州市	32.5	32.9	32.9	32.8	40.02	41.08	42.58	44.58	47.00	14.50	4.72
	简阳市	16.6	17.4	17.9	18.5	40.31	41.61	42.29	43.65	46.30	29.70	13.68
资阳市	雁江区	20.9	22.8	23.2	23.8	47.69	48.97	50.43	51.66	52.89	31.99	12.31
	安岳县	11.5	12.0	12.3	12.4	30.94	32.39	33.72	34.94	36.33	24.83	15.46
	乐至县	16.8	17.2	17.9	17.7	33.48	34.72	35.83	36.90	38.11	21.31	10.78

续表

市（州）	区（县、市）	2010年	2011年	2012年	2013年	2014年	2015年	2016年	2017年	2018年	涨幅	均速
乐山市	井研县	21.1	22.1	23.1	23.4	34.02	35.44	36.88	38.31	40.63	19.53	8.54
眉山市	仁寿县	18.9	19.3	19.9	20.3	32.36	33.80	35.28	36.57	38.15	19.25	9.18
内江市	市中区	42.4	42.6	43.2	43.5	54.64	55.56	56.33	57.10	58.30	15.90	4.06
	东兴区	15.3	16.1	17.2	18.2	46.91	48.33	49.47	50.96	52.38	37.08	16.63
	威远县	22.4	24.1	24.5	24.8	44.70	46.18	47.26	48.83	50.40	28.00	10.67
	资中县	13.3	14.1	14.1	14.2	34.75	36.22	37.30	38.42	39.05	25.75	14.41
	隆昌市	23.4	24.6	24.8	25.1	50.04	51.44	52.62	53.49	54.45	31.05	11.13
自贡市	自流井区	79.8	80.2	80.1	80.1	89.07	89.61	90.12	90.42	92.08	12.28	1.81
	贡井区	34.2	35.1	35.0	35.0	48.42	49.44	50.28	50.55	52.16	17.96	5.42
	大安区	37.9	37.3	38.0	38.3	48.57	49.62	50.54	50.82	52.57	14.67	4.17
	沿滩区	22.2	22.8	23.6	23.8	37.65	38.91	40.20	40.46	42.16	19.96	8.35
	荣县	24.7	26.6	28.6	28.7	35.55	36.56	37.63	38.02	39.02	14.32	5.88
	富顺县	22.4	23.3	23.9	24.0	36.12	37.20	39.01	40.51	41.56	19.16	8.03
宜宾市	翠屏区	46.6	46.7	47.3	47.5	72.07	73.12	74.63	76.09	77.49	30.89	6.56
	南溪区	19.1	20.3	20.9	20.9	49.28	50.43	51.90	53.39	54.83	35.73	14.09
	江安县	13.9	14.6	14.5	14.6	41.21	42.61	44.03	45.41	46.88	32.98	16.41
泸州市	江阳区	42.3	43.2	43.8	78.4	72.81	73.58	74.23	75.02	75.84	33.54	7.57
	龙马潭区	40.3	41.8	42.6	79.8	76.17	76.65	77.23	77.91	78.53	38.23	8.70
	泸县	9.3	9.7	9.7	11.8	35.41	36.38	38.16	39.71	41.80	32.50	20.67

资料来源：《四川统计年鉴》（2011～2019）。

表 2-25 沱江流域各区（县、市）2010~2018 年农村人口规模

单位：万人，%

市（州）	区(县、市)	2010 年	2011 年	2012 年	2013 年	2014 年	2015 年	2016 年	2017 年	2018 年	占比	涨幅	均速	2018 年排名
德阳市	旌阳区	28.6	28.1	27.7	26.9	25.52	24.87	24.17	23.43	22.6	1.99	-6.0	-2.90	23
	罗江区	125.3	19.8	19.8	19.3	13.15	12.87	66.75	12.39	12.4	1.09	-112.9	-25.11	34
	中江县	20.1	124.9	124.0	122.2	69.56	68.11	12.61	65.00	63.6	5.59	43.5	15.49	4
	广汉市	39.7	39.1	38.7	36.8	30.39	29.59	29.13	28.67	27.8	2.44	-11.9	-4.36	16
	什邡市	34.0	34.0	34.1	33.1	22.00	21.55	21.11	20.54	19.9	1.75	-14.1	-6.48	29
	绵竹市	38.1	37.3	36.7	36.3	24.51	24.05	23.69	23.09	22.6	1.99	-15.5	-6.32	22
阿坝州	茂县	8.3	8.3	8.3	8.4	6.05	5.95	6.01	5.87	5.8	0.51	-2.5	-4.38	36
成都市	金牛区	0.0	0.0	0.0	0.0	0.00	0.00	0.00	0.00	0.0	0.00	0.0	0.00	39
	成华区	0.0	0.0	0.0	0.0	0.00	0.00	0.00	0.00	0.0	0.00	0.0	0.00	38
	龙泉驿区	35.5	29.8	29.1	29.6	30.11	29.83	28.64	27.23	26.3	2.31	-9.2	-3.68	19
	青白江区	26.4	26.1	26.1	26.3	19.57	19.19	18.86	18.44	18.2	1.60	-8.2	-4.54	30
	新都区	34.5	29.5	29.8	29.8	30.69	30.28	29.79	28.65	26.4	2.32	-8.1	-3.29	18
	郫都区	23.8	29.9	29.7	30.0	29.01	28.18	26.79	24.74	23.7	2.08	-0.1	-0.05	21
	金堂县	22.4	65.7	66.1	66.3	45.82	44.99	42.89	40.59	39.4	3.46	17.0	7.31	10
	都江堰市	43.7	21.5	21.7	21.8	30.50	30.02	29.00	28.35	27.7	2.44	-16.0	-5.54	17
	彭州市	54.0	54.0	53.9	54.2	46.21	45.45	44.64	43.11	41.2	3.62	-12.8	-3.33	9
	简阳市	122.5	121.9	121.6	121.1	62.42	61.46	61.43	59.03	57.2	5.03	-65.3	-9.08	5
资阳市	雁江区	86.1	84.5	84.4	84.1	45.65	44.81	44.71	44.35	43.1	3.79	-43.0	-8.29	8
	安岳县	141.3	141.4	141.8	142.4	76.98	76.02	74.64	73.13	69.7	6.13	-71.6	-8.45	3
	乐至县	71.4	71.3	70.8	70.5	34.17	33.65	32.88	32.28	31.1	2.73	-40.3	-9.87	13

续表

市（州）	区（县、市）	2010年	2011年	2012年	2013年	2014年	2015年	2016年	2017年	2018年	占比	涨幅	均速	2018年排名
乐山市	井研县	33.0	32.4	32.0	31.8	19.30	19.11	18.81	18.60	25.4	2.23	-7.6	-3.22	20
眉山市	仁寿县	129.2	129.2	127.9	127.6	83.07	81.18	78.92	75.75	74.3	6.53	-54.9	-6.68	1
内江市	市中区	30.6	30.6	30.4	30.3	23.39	23.14	23.13	22.96	22.1	1.94	-8.5	-3.99	26
	东兴区	74.8	74.3	73.5	73.0	40.43	39.54	38.67	38.02	38.0	3.34	-36.8	-8.12	11
	威远县	58.0	56.8	56.5	56.1	32.92	32.06	31.26	30.00	29.3	2.58	-28.7	-8.18	14
	资中县	113.6	112.5	112.4	112.0	79.22	77.25	75.94	74.46	70.5	6.20	-43.1	-5.79	2
	隆昌市	60.0	59.2	59.2	59.0	32.28	31.41	30.69	30.13	28.4	2.50	-31.6	-8.93	15
自贡市	自流井区	7.1	7.0	7.1	7.2	4.27	4.26	4.06	4.67	4.0	0.35	-3.1	-6.92	37
	贡井区	19.4	19.2	19.3	19.3	13.67	13.38	14.34	14.12	14.0	1.23	-5.4	-4.00	33
	大安区	28.5	28.7	28.4	28.3	19.78	19.09	18.71	21.34	20.4	1.79	-8.1	-4.09	27
	沿滩区	30.2	30.2	30.1	30.1	17.88	18.01	18.82	20.78	22.4	1.97	-7.8	-3.67	24
	荣县	52.3	51.1	49.7	49.5	38.05	37.51	37.04	35.45	32.9	2.89	-19.4	-5.63	12
	富顺县	83.0	82.6	82.5	82.8	52.92	52.13	48.47	46.04	44.7	3.93	-38.3	-7.44	7
宜宾市	翠屏区	43.2	43.4	43.3	43.6	23.71	22.91	21.99	20.99	20.1	1.77	-23.1	-9.12	28
	南溪区	34.2	34.1	34.1	34.4	17.21	16.90	16.49	16.10	15.7	1.38	-18.5	-9.27	31
	江安县	47.6	47.3	47.6	47.9	24.42	23.94	23.35	22.80	22.3	1.96	-25.3	-9.04	25
泸州市	江阳区	36.9	36.4	36.5	14.2	16.35	16.04	15.75	15.40	15.0	1.32	-21.9	-10.64	32
	龙马潭区	20.6	20.3	20.2	7.2	8.53	8.40	8.50	8.45	8.3	0.73	-12.3	-10.74	35
	泸县	98.5	98.2	98.2	96.0	54.73	55.10	53.73	52.46	50.7	4.46	-47.8	-7.97	6
沱江流域		1956.4	1960.6	1953.2	1909.4	1244.44	1222.23	1196.41	1167.41	1137.2	100.00	-819.2	-6.56	—

资料来源：《四川统计年鉴》（2011～2019）。

率涨幅幅度较小，如自贡市自流井区、德阳市旌阳区、内江市市中区和自贡市大安区城镇化率年均增长速度仅为1.81%、2.69%、4.06%和4.17%，如表2－24所示。

2.4.3 农村人口

沱江流域各区（县、市）农村人口规模均呈下降的趋势。从人口涨幅来看，其特征与人口规模相似，德阳市罗江区农村人口降幅很大，年平均降幅112.9%，成渝双城经济圈建设情况下成都市虹吸效应比较明显，城镇化进程较快，其中资阳市安岳县、成都市简阳市、眉山市仁寿县和德阳市中江县表现得尤为明显，农村人口年均降幅分别为71.7%、65.3%、54.9%和43.5%；成都市主城区金牛区和成华区作为省会城市老城区，没有农村人口，农村人口降幅自然为0；值得一提的是，德阳市中江县和成都市金堂县是沱江流域沿岸为数不多的两个农村人口上涨的县区，农村人口涨幅分别为43.5%和17.0%。

从农村人口下降速度来看，区域间农村人口下降速度差异较大，年均降速在0.05%~25.11%，德阳市罗江区农村人口年均下降25.11%，与地区总人口降速特征一致，表明该区总人口下降由农村人口减少引起，且是导致城镇化率上升的主要原因；整体上来看，资阳市、内江市、宜宾市和泸州市农村人口下降速度是较快的，2010~2018年，农村人口以平均每年8.87%、7.02%、9.14%和9.78%的速度在下降，如表2－25所示。

第3章　沱江流域农业经济发展概况

3.1　沱江流域农业生产条件

3.1.1　化肥施用量

2018年，沱江流域化肥施用总量为72.67万吨，占四川省的30.90%（见表3-1）。由于各区（县、市）自然资源禀赋和种植结构差异较大，化肥施用量差距悬殊，其中，中江县最高（69763吨），占整个沱江流域的9.60%，金牛区最低（20吨），仅占0.003%，此外，成华区也较低，仅为49吨，这两个区为成都市主城区，全部为城镇人口，产业发展以服务业和工业为主，所以化肥施用量较低。沱江流域地均化肥施用量为417.08千克/公顷，高于四川省平均水平（349.85千克/公顷），也高于中国生态文明市建设的化肥施用强度标准（250千克/公顷），耕地承载能力超负荷。尽管从2015年开始，四川省全面贯彻落实农业部《到2020年化肥施用量零增长行动方案》的政策，流域各区（县、市）化肥施用量实现了负增长，但大部分区（县、市）化肥施用强度仍然高于生态阈值。其中，什邡市最高（1052.48千克/公顷），金牛区最低（26.60千克/公顷），差异高达38.57倍。仅有金牛区、成华区、雁江区、安岳县、乐至县、隆昌市、翠屏区、南溪区、江安县9个区（县、市）低于250千克/公顷；茂县、青白江区等19个区（县、市）介于250~500千克/公顷；旌阳区、罗江区、沿滩区等12个区（县、市）介于500~1000千克/公顷。

表3-1 沱江流域各区（县、市）化肥施用量

单位：吨，%，千克/公顷

市（州）	区（县、市）	化肥施用量	占比	化肥施用强度
德阳市	旌阳区	16265	2.24	510.55
	罗江区	19748	2.72	797.34
	中江县	69763	9.60	686.64
	广汉市	25673	3.53	800.99
	什邡市	24715	3.40	1052.48
	绵竹市	23155	3.19	673.66
阿坝州	茂县	2677	0.37	309.06
成都市	金牛区	20	0.003	26.60
	成华区	49	0.01	37.96
	龙泉驿区	3334	0.46	422.79
	青白江区	5441	0.75	288.12
	新都区	10492	1.44	409.33
	郫都区	15226	2.10	743.27
	金堂县	23191	3.19	410.46
	都江堰市	10764	1.48	402.97
	彭州市	19108	2.63	376.86
	简阳市	31838	4.38	296.02
资阳市	雁江区	20870	2.87	240.87
	安岳县	14821	2.04	95.42
	乐至县	15500	2.13	196.83
乐山市	井研县	14410	1.98	334.28
眉山市	仁寿县	57586	7.92	494.39
内江市	市中区	8121	1.12	368.06
	东兴区	35736	4.92	543.46
	威远县	19230	2.65	347.22
	资中县	43440	5.98	514.12
	隆昌市	11436	1.57	248.13
自贡市	自流井区	3002	0.41	472.68
	贡井区	11444	1.57	511.67
	大安区	9889	1.36	433.00
	沿滩区	16837	2.32	640.55

续表

市（州）	区（县、市）	化肥施用量	占比	化肥施用强度
自贡市	荣县	22104	3.04	332.89
	富顺县	26867	3.70	372.81
宜宾市	翠屏区	10293	1.42	222.58
	南溪区	7530	1.04	230.00
	江安县	5481	0.75	141.32
泸州市	江阳区	13850	1.91	460.69
	龙马潭区	6363	0.88	414.70
	泸县	33939	4.67	400.89
沱江流域		726704	100.00	417.08

资料来源：《四川统计年鉴》（2019）。

3.1.2 耕地面积

耕地是农业发展的基础，沱江流域快速的城镇化进程导致耕地面积不断减少，2018年，沱江流域耕地面积为1830.55公顷，占四川耕地总面积的27.22%，由于各区（县、市）城市化水平、资源禀赋和产业结构差异较大，耕地面积差距悬殊。其中，资阳市乐至县（155.33公顷）、内江市市中区（116.48公顷）、资阳市雁江区（107.55公顷）和德阳市中江县（101.60公顷）等农业大区/县耕地面积较多，分别占整个沱江流域的8.49%、6.36%、5.88%和5.55%，成都市金牛区（0.75公顷）、成华区（1.29公顷）和自贡市贡井区（6.35公顷）等二三产业实力雄厚的地区耕地面积最少，分别仅占0.04%、0.07%和0.35%，如表3－2所示。

表3－2 沱江流域各区（县、市）耕地面积 单位：公顷，%

市（州）	区（县、市）	耕地面积	比重
德阳市	旌阳区	31.86	1.74
	罗江区	24.77	1.35
	中江县	101.60	5.55
	广汉市	32.05	1.75
	什邡市	23.48	1.28
	绵竹市	34.37	1.88

续表

市（州）	区（县、市）	耕地面积	比重
阿坝州	茂县	8.66	0.47
成都市	金牛区	0.75	0.04
	成华区	1.29	0.07
	龙泉驿区	7.89	0.43
	青白江区	18.88	1.03
	新都区	25.63	1.40
	郫都区	20.49	1.12
	金堂县	56.50	3.09
	都江堰市	26.71	1.46
	彭州市	50.70	2.77
	简阳市	39.12	2.14
资阳市	雁江区	107.55	5.88
	安岳县	86.64	4.73
	乐至县	155.33	8.49
乐山市	井研县	78.75	4.30
眉山市	仁寿县	43.11	2.36
内江市	市中区	116.48	6.36
	东兴区	22.06	1.21
	威远县	65.76	3.59
	资中县	55.38	3.03
	隆昌市	84.49	4.62
自贡市	自流井区	46.09	2.52
	贡井区	6.35	0.35
	大安区	22.37	1.22
	沿滩区	22.84	1.25
	荣县	26.29	1.44
	富顺县	66.40	3.63
宜宾市	翠屏区	72.07	3.94
	南溪区	46.24	2.53
	江安县	32.74	1.79
泸州市	江阳区	38.78	2.12
	龙马潭区	30.06	1.64
	泸县	15.34	0.84
沱江流域		1830.55	100.00

资料来源：《四川统计年鉴》（2019）。

3.1.3 农村用电量

2018年，沱江流域农村用电量为79.27千瓦小时。由于各区（县、市）经济发展水平和人口规模不同，农村用电量也存在差距。农村经济发展水平高以及农村人口多的区（县、市）用电量大，其中，德阳市中江县（6.11千瓦小时）、广汉市（5.79千瓦小时）和旌阳区（5.43千瓦小时）用电量最多，分别占到整个沱江流域的7.71%、7.30%和6.85%，而阿坝州的茂县（0.42千瓦小时）仅占0.53%，如表3-3所示。

表3-3 沱江流域各区（县、市）农村用电量 单位：千瓦小时，%

市（州）	区（县、市）	农村用电量	占比
德阳市	旌阳区	5.43	6.85
	罗江区	1.40	1.76
	中江县	6.11	7.71
	广汉市	5.79	7.30
	什邡市	2.31	2.92
	绵竹市	3.34	4.21
阿坝州	茂县	0.42	0.53
成都市	金牛区	0.64	0.80
	成华区	0.26	0.33
	龙泉驿区	1.39	1.76
	青白江区	1.50	1.89
	新都区	4.04	5.10
	郫都区	2.66	3.36
	金堂县	1.09	1.38
	都江堰市	2.54	3.20
	彭州市	3.17	3.99
	简阳市	4.05	5.11
资阳市	雁江区	1.30	1.64
	安岳县	3.14	3.96
	乐至县	1.18	1.49
乐山市	井研县	1.36	1.71
眉山市	仁寿县	2.69	3.40

续表

市（州）	区（县、市）	农村用电量	占比
内江市	市中区	1.44	1.82
	东兴区	1.06	1.33
	威远县	2.97	3.75
	资中县	3.00	3.79
	隆昌市	1.94	2.45
自贡市	自流井区	0.22	0.27
	贡井区	0.61	0.77
	大安区	1.14	1.44
	沿滩区	0.82	1.03
	荣县	1.27	1.60
	富顺县	1.42	1.80
宜宾市	翠屏区	1.95	2.46
	南溪区	0.78	0.98
	江安县	0.77	0.97
泸州市	江阳区	0.98	1.24
	龙马潭区	0.56	0.71
	泸县	2.53	3.19
沱江流域		79.27	100.00

资料来源：《四川统计年鉴》（2019）。

3.1.4 第一产业从业人员

2018年，沱江流域第一产业从业人员为469.14万人，占就业总人口的29.07%。由于各区（县、市）发展水平和产业结构不同，第一产业从业人员数量差异较大。其中，资阳市安岳县（36.09万人）、眉山市仁寿县（31.28万人）、德阳市中江县（28.2万人）、成都市简阳市和泸州市泸县等农业大区/县第一产业从业人员较多，成都市金牛区（0.03万人）、成华区（0.4万人）和自贡市自流井区（2.4万人）等经济发达地区第一产业从业人员较少，差异高达1203倍。从第一产业从业人员占就业总人员比重来看，阿坝州茂县、资阳市安岳县、乐至县和泸州市泸县占比较大，分别为73.61%、59.96%、46.54%和43.79%，已远远高于全省第一产业从业人员占比水平，如表3-4所示。

表3-4　沱江流域各区（县、市）第一产业从业人员　单位：万人，%

市（州）	区（县、市）	第一产业从业人员	占比
德阳市	旌阳区	7.90	1.68
	罗江区	4.60	0.98
	中江县	28.20	6.01
	广汉市	11.90	2.54
	什邡市	7.80	1.66
	绵竹市	9.40	2.00
阿坝州	茂县	3.04	0.65
成都市	金牛区	0.03	0.01
	成华区	0.40	0.09
	龙泉驿区	4.60	0.98
	青白江区	5.64	1.20
	新都区	8.77	1.87
	郫都区	5.96	1.27
	金堂县	20.38	4.34
	都江堰市	7.10	1.51
	彭州市	21.72	4.63
	简阳市	27.72	5.91
资阳市	雁江区	13.91	2.97
	安岳县	36.09	7.69
	乐至县	14.21	3.03
乐山市	井研县	10.89	2.32
眉山市	仁寿县	31.28	6.67
内江市	市中区	8.07	1.72
	东兴区	13.99	2.98
	威远县	11.87	2.53
	资中县	17.27	3.68
	隆昌市	7.97	1.70
自贡市	自流井区	2.40	0.51
	贡井区	5.32	1.13
	大安区	8.30	1.77
	沿滩区	5.57	1.19
	荣县	11.53	2.46
	富顺县	16.06	3.42

续表

市（州）	区（县、市）	第一产业从业人员	占比
宜宾市	翠屏区	15.02	3.20
	南溪区	10.00	2.13
	江安县	13.25	2.82
泸州市	江阳区	9.03	1.92
	龙马潭区	4.73	1.01
	泸县	27.22	5.80
沱江流域		469.14	100.00

资料来源：《四川统计年鉴》（2019）。

3.2 沱江流域种植业发展概况

3.2.1 粮食播种面积及产量

2018年，沱江流域粮食播种总面积184.23万公顷，仅占四川省粮食播种面积的1.57%，人均粮食播种面积0.07公顷。资阳市安岳县和雁江区、德阳市中江县、眉山市仁寿县、成都简阳市、内江市资中县粮食播种面积突破10万公顷，是名副其实的粮食生产大县（市），占沱江流域粮食播种面积的比重分别为6.00%、7.81%、6.18%、5.78%，成都市金牛区和成华区粮食播种面积最少，仅为8公顷和21公顷。2018年，沱江流域粮食产量10.66万吨，从各区县粮食产量来看，德阳市中江县（81.25万吨）、资阳市安岳县（73.61万吨）、雁江区（51.83万吨）、眉山市仁寿县（64.51万吨）、成都市简阳市（56.19万吨）、内江市资中县（56.07万吨）和自贡市富顺县（54.09万吨）粮食产量超过50万吨；粮食产量较低的多集中在成都市主城区，如金牛区、成华区的粮食产量分别仅有0.01万吨、0.02万吨，如表3-5所示。

3.2.2 其他农作物产量

2018年，沱江流域油料产量、蔬菜产量和瓜果产量分别为12.14万吨、1548.75万吨和315.19万吨。从油料产量来看，资阳市是油料生产大区，沱江流

表3-5 沱江流域各区（县、市）粮食播种面积及产量

单位：万公顷，万吨，%

市（州）	区（县、市）	播种面积	占比	产量	占比
德阳市	旌阳区	3.47	1.88	23.23	1.50
	罗江区	1.79	0.97	12.99	0.84
	中江县	14.38	7.80	81.25	5.25
	广汉市	4.37	2.37	30.78	1.99
	什邡市	2.63	1.43	19.01	1.23
	绵竹市	4.49	2.44	27.59	1.78
阿坝州	茂县	0.68	0.37	2.52	0.16
成都市	金牛区	0.00	0.00	0.01	0.00
	成华区	0.00	0.00	0.02	0.00
	龙泉驿区	0.31	0.17	1.52	0.10
	青白江区	1.12	0.61	6.70	0.43
	新都区	2.00	1.08	14.28	0.92
	郫都区	0.56	0.31	4.33	0.28
	金堂县	4.89	2.66	26.24	1.69
	都江堰市	1.40	0.76	10.32	0.67
	彭州市	3.71	2.01	25.58	1.65
	简阳市	11.27	6.12	56.19	3.63
资阳市	雁江区	11.05	6.00	51.83	3.35
	安岳县	14.39	7.81	73.61	4.75
	乐至县	8.17	4.43	40.62	2.62
乐山市	井研县	4.20	2.28	23.84	1.54
眉山市	仁寿县	11.38	6.18	64.51	4.17
内江市	市中区	2.30	1.25	11.80	0.76
	东兴区	6.70	3.64	36.85	2.38
	威远县	6.18	3.35	33.64	2.17
	资中县	10.66	5.78	56.07	3.62
	隆昌市	5.01	2.72	32.48	2.10
自贡市	自流井区	0.57	0.31	2.99	0.19
	贡井区	2.27	1.23	11.57	0.75
	大安区	2.15	1.17	11.06	0.71
	沿滩区	2.66	1.45	16.40	1.06

续表

市（州）	区（县、市）	播种面积	占比	产量	占比
自贡市	荣县	6.72	3.65	42.24	2.73
	富顺县	8.56	4.64	54.09	3.49
宜宾市	翠屏区	5.18	2.81	33.99	2.19
	南溪区	2.73	1.48	18.88	1.22
	江安县	3.80	2.06	25.59	1.65
泸州市	江阳区	3.18	1.73	20.42	1.32
	龙马潭区	1.09	0.59	6.82	0.44
	泸县	8.21	4.46	53.67	3.47
沱江流域		184.23	100.00	1065.53	100.00

资料来源：《四川统计年鉴》（2019）。

域油料产量排名前五的，资阳市雁江区、安岳县和乐至县占据前三位，产量分别为7.36万吨、9.65万吨和7.21万吨，占沱江流域油料产量的比重分别为6.06%、7.95%和5.94%，此外，简阳市、中江县产量分别为10.12万吨、9.62万吨，占比分别为8.34%、7.92%。从蔬菜产量来看，成都市金堂县、内江市威远县和东兴区、资阳市安岳县蔬菜产量最高，分别为105.70万吨、92.60万吨、80.01万吨、78.16万吨，占沱江流域蔬菜产量的比重分别为6.83%、5.98%、5.17%、5.05%，金牛区、成华区、罗江区、自流井区、龙马潭区等城市主城区蔬菜产量较低。从瓜果产量来看，眉山市仁寿县和资阳市安岳县最高，分别为62.38万吨和45.31万吨，占沱江流域瓜果产量的比重分别为19.79%、14.38%，这两个县因盛产枇杷和柠檬被评为“中国枇杷之乡”和“中国柠檬之乡”，如表3-6所示。

表3-6　沱江流域各区（县、市）油料、蔬菜及瓜果产量

单位：万吨，%

市（州）	区（县、市）	油料	占比	蔬菜	占比	瓜果	占比
德阳市	旌阳区	3.63	2.99	39.41	2.54	1.08	0.34
	罗江区	4.76	3.92	15.14	0.98	2.97	0.94
	中江县	9.62	7.92	45.50	2.94	0.85	0.27
	广汉市	3.95	3.25	43.78	2.83	1.19	0.38
	什邡市	1.35	1.11	38.76	2.50	1.29	0.41
	绵竹市	1.51	1.24	34.28	2.21	2.33	0.74

续表

市（州）	区（县、市）	油料	占比	蔬菜	占比	瓜果	占比
阿坝州	茂县	0.06	0.05	25.29	1.63	8.24	2.61
成都市	金牛区	0.01	0.00	0.37	0.02	0.00	0.00
	成华区	0.00	0.00	0.67	0.04	0.01	0.00
	龙泉驿区	0.34	0.28	25.56	1.65	18.39	5.84
	青白江区	1.48	1.22	18.36	1.19	3.32	1.05
	新都区	1.88	1.55	30.41	1.96	2.45	0.78
	郫都区	0.96	0.79	73.63	4.75	0.98	0.31
	金堂县	6.39	5.26	105.70	6.83	26.11	8.28
	都江堰市	2.56	2.11	22.28	1.44	4.25	1.35
	彭州市	1.91	1.57	30.92	2.00	2.89	0.92
	简阳市	10.12	8.34	49.20	3.18	21.89	6.94
资阳市	雁江区	7.36	6.06	50.37	3.25	23.59	7.49
	安岳县	9.65	7.95	78.16	5.05	45.31	14.38
	乐至县	7.21	5.94	19.31	1.25	1.73	0.55
乐山市	井研县	1.41	1.16	10.37	0.67	2.44	0.77
眉山市	仁寿县	4.21	3.47	45.64	2.95	62.38	19.79
内江市	市中区	1.70	1.40	21.17	1.37	1.10	0.35
	东兴区	4.24	3.49	80.01	5.17	4.71	1.49
	威远县	3.69	3.04	92.60	5.98	8.14	2.58
	资中县	5.00	4.12	65.63	4.24	25.71	8.16
	隆昌市	2.37	1.95	41.64	2.69	3.68	1.17
自贡市	自流井区	0.60	0.49	8.52	0.55	0.93	0.29
	贡井区	2.41	1.98	31.31	2.02	2.33	0.74
	大安区	2.33	1.92	25.16	1.62	1.12	0.35
	沿滩区	2.06	1.70	26.65	1.72	3.84	1.22
	荣县	3.23	2.66	65.77	4.25	16.41	5.21
	富顺县	4.77	3.93	52.03	3.36	9.96	3.16
宜宾市	翠屏区	1.81	1.50	27.86	1.80	0.53	0.17
	南溪区	1.06	0.87	60.77	3.92	1.70	0.54
	江安县	1.11	0.91	25.22	1.63	0.51	0.16
泸州市	江阳区	0.83	0.69	43.32	2.80	0.12	0.04
	龙马潭区	0.27	0.23	11.46	0.74	0.13	0.04
	泸县	3.54	2.92	66.52	4.30	0.59	0.19
沱江流域		12.14	100.00	1548.75	100.00	315.19	100.00

资料来源：《四川统计年鉴》(2019)。

3.3 沱江流域养殖业发展概况

3.3.1 生猪养殖

2018 年，沱江流域生猪养殖规模达到 2588.6 万头（年存栏量与出栏量的总和）。中江县（170.1 万头）、雁江区（185.0 万头）、安岳县（251.8 万头）、乐至县（157.6 万头）、井研县（115.9 万头）、仁寿县（189.3 万头）、东兴区（102.0 万头）、资中县（123.9 万头）和泸县（179.1 万头）9 县是生猪养殖地区，生猪养殖量均超百万头，占全流域生猪养殖规模的比重累计为 49.83%。相比之下，成都市 10 区（县）、自贡市 6 区（县）和阿坝州茂县生猪养殖规模较小，累计仅占 11.45%，成都市金牛区和成华区作为主城区无养殖业，如表 3－7 所示。

表 3－7 沱江流域各区（县、市）生猪养殖规模 单位：万头，%

市（州）	区（县、市）	生猪	占比	市（州）	区（县、市）	生猪	占比
德阳市	旌阳区	68.7	2.65	乐山市	井研县	115.9	4.48
	罗江区	63.2	2.44	眉山市	仁寿县	189.3	7.31
	中江县	170.1	6.57	内江市	市中区	41.6	1.61
	广汉市	52.3	2.02		东兴区	102.0	3.94
	什邡市	54.4	2.10		威远县	81.3	3.14
	绵竹市	81.7	3.16		资中县	123.9	4.79
阿坝州	茂县	8.9	0.34		隆昌市	68.8	2.66
成都市	金牛区	0.0	0.00	自贡市	自流井区	3.4	0.13
	成华区	0.0	0.00		贡井区	10.7	0.41
	龙泉驿区	1.1	0.04		大安区	8.7	0.34
	青白江区	12.9	0.50		沿滩区	9.2	0.36
	新都区	14.0	0.54		荣县	38.1	1.47
	郫都区	1.1	0.04		富顺县	35.6	1.38
	金堂县	99.7	3.85	宜宾市	翠屏区	77.0	2.97
	都江堰市	15.4	0.59		南溪区	65.9	2.55
	崇州市	37.0	1.43		江安县	86.8	3.35
	简阳市	0.7	0.03	泸州市	江阳区	59.7	2.31
资阳市	雁江区	185.0	7.15		龙马潭区	16.0	0.62
	安岳县	251.8	9.73		泸县	179.1	6.92
	乐至县	157.6	6.09	沱江流域		2588.6	100.00

资料来源：《四川统计年鉴》(2019)。

3.3.2　肉牛养殖

2018年，沱江流域肉牛养殖规模达到38.46万头（年存栏量与出栏量的总和），德阳市中江县遥遥领先，规模达到9.3万头，旌阳区（2.10万头）、广汉市（2.90万头）、绵竹市（1.30万头）、金堂县（1.45万头）、安岳县（3.56万头）、东兴区（1.88万头）、资中县（1.24万头）、大安区（1.44万头）、荣县（1.14万头）和富顺县（1.49万头）10个区（县）肉牛养殖规模均达到1万头以上，占全流域肉牛养殖规模的比重累计为72.3%，相比之下，龙泉驿区、郫都区和井研县肉牛养殖规模较小，累计仅占0.25%。成都市金牛区和成华区作为主城区无养殖业，如表3-8所示。

表3-8　沱江流域各区（县、市）肉牛养殖规模　　单位：万头，%

市（州）	区（县、市）	肉牛	占比	市（州）	区（县、市）	肉牛	占比
德阳市	旌阳区	2.10	5.46	乐山市	井研县	0.09	0.24
	罗江区	1.00	2.60	眉山市	仁寿县	0.54	1.40
	中江县	9.30	24.18	内江市	市中区	0.49	1.27
	广汉市	2.90	7.54		东兴区	1.88	4.88
	什邡市	0.80	2.08		威远县	0.70	1.83
	绵竹市	1.30	3.38		资中县	1.24	3.24
阿坝州	茂县	0.92	2.39		隆昌市	0.38	1.00
成都市	金牛区	0.00	0.00	自贡市	自流井区	0.10	0.27
	成华区	0.00	0.00		贡井区	0.30	0.78
	龙泉驿区	0.0016	0.00		大安区	1.44	3.75
	青白江区	0.14	0.37		沿滩区	0.15	0.38
	新都区	0.10	0.26		荣县	1.14	2.97
	郫都区	0.0008	0.00		富顺县	1.49	3.88
	金堂县	1.45	3.76	宜宾市	翠屏区	0.53	1.38
	都江堰市	0.16	0.41		南溪区	0.26	0.67
	崇州市	0.40	1.03		江安县	0.31	0.81
	简阳市	0.33	0.87	泸州市	江阳区	0.52	1.36
资阳市	雁江区	0.80	2.07		龙马潭区	0.15	0.40
	安岳县	3.56	9.26		泸县	0.92	2.38
	乐至县	0.55	1.42	沱江流域		38.46	100.00

资料来源：《四川统计年鉴》（2019）。

3.3.3 肉羊养殖

2018 年，沱江流域肉羊养殖规模达到 586.04 万只（年存栏量与出栏量的总和）。从各区县肉羊养殖情况来看，各区县肉羊养殖规模差异较大，乐至县最多，为 118.32 万只，安岳县、简阳市和雁江区紧随其后，分别为 70.04 万只、63.39 万只和 61.66 万只，占全流域肉羊养殖规模的比重累计为 33.29%，中江县、仁寿县、威远县 3 个县达到 30 万只以上，金堂县、东兴区、荣县、富顺县、泸县 5 个区（县）也达到 10 万只以上，而其余 26 个区（县）的羊肉养殖规模合计为 64.7 万只，累计仅占 11.04%，如表 3－9 所示。

表 3－9 沱江流域各区（县、市）肉羊养殖规模 单位：万只，%

市（州）	区（县、市）	肉羊	占比	市（州）	区（县、市）	肉羊	占比
德阳市	旌阳区	1.80	0.31	乐山市	井研县	5.57	0.95
	罗江区	1.20	0.20	眉山市	仁寿县	32.53	5.55
	中江县	31.50	5.38	内江市	市中区	2.70	0.46
	广汉市	1.20	0.20		东兴区	19.35	3.30
	什邡市	3.10	0.53		威远县	30.36	5.18
	绵竹市	1.10	0.19		资中县	25.98	4.43
阿坝州	茂县	1.63	0.28		隆昌市	5.02	0.86
成都市	金牛区	0.00	0.00	自贡市	自流井区	0.59	0.10
	成华区	0.00	0.00		贡井区	3.44	0.59
	龙泉驿区	0.14	0.02		大安区	3.88	0.66
	青白江区	0.86	0.15		沿滩区	2.60	0.44
	新都区	0.08	0.01		荣县	16.88	2.88
	郫都区	0.00	0.00		富顺县	19.51	3.33
	金堂县	16.86	2.88	宜宾市	翠屏区	3.52	0.60
	都江堰市	0.87	0.15		南溪区	8.57	1.46
	崇州市	1.56	0.27		江安县	8.91	1.52
	简阳市	63.39	10.82	泸州市	江阳区	3.53	0.60
资阳市	雁江区	61.66	10.52		龙马潭区	2.83	0.48
	安岳县	70.04	11.95		泸县	14.96	2.55
	乐至县	118.32	20.19	沱江流域		586.04	100.00

资料来源：《四川统计年鉴》（2019）。

3.3.4 家禽养殖

2018年，沱江流域家禽养殖规模达到29053.27万只（年存栏量与出栏量的总和），各区县家禽养殖规模差异较大，中江县和旌阳区最多，分别为2858.5万只和2435.4万只，占全流域家禽养殖规模的比重分别为9.84%、8.38%；其次广汉市（1690.90万只）、安岳县（1631.12万只）、雁江区（1138.65万只）、仁寿县（1089.54万只）、东兴区（1062.29万只）、资中县（1065.01万只）、隆昌市（1145.41万只）和泸县（1949.76万只）8个区（县、市）均达到了1000万只以上，其余区（县、市）家禽养殖规模均较小，如表3-10所示。

表3-10 沱江流域各区（县、市）家禽养殖规模 单位：万只，%

市（州）	区（县、市）	家禽	占比	市（州）	区（县、市）	家禽	占比
德阳市	旌阳区	2435.40	8.38	乐山市	井研县	423.36	1.46
	罗江区	694.00	2.39	眉山市	仁寿县	1089.54	3.75
	中江县	2858.50	9.84	内江市	市中区	334.99	1.15
	广汉市	1690.90	5.82		东兴区	1062.29	3.66
	什邡市	712.80	2.45		威远县	808.10	2.78
	绵竹市	864.30	2.97		资中县	1065.01	3.67
阿坝州	茂县	4.32	0.01		隆昌市	1145.41	3.94
成都市	金牛区	0.00	0.00	自贡市	自流井区	68.25	0.23
	成华区	0.00	0.00		贡井区	114.51	0.39
	龙泉驿区	14.67	0.05		大安区	173.57	0.60
	青白江区	139.61	0.48		沿滩区	159.12	0.55
	新都区	430.68	1.48		荣县	300.73	1.04
	郫都区	12.33	0.04		富顺县	364.97	1.26
	金堂县	725.33	2.50	宜宾市	翠屏区	599.36	2.06
	都江堰市	715.70	2.46		南溪区	799.39	2.75
	崇州市	841.31	2.90		江安县	712.62	2.45
	简阳市	883.88	3.04	泸州市	江阳区	463.37	1.59
资阳市	雁江区	1138.65	3.92		龙马潭区	683.45	2.35
	安岳县	1631.12	5.61		泸县	1949.76	6.71
	乐至县	941.96	3.24	沱江流域		29053.27	100.00

资料来源：《四川统计年鉴》（2019）。

3.4 沱江流域农业经济发展概况

3.4.1 农林牧渔生产总值

2018 年，沱江流域实现农林牧渔生产总值 2311.87 亿元，其中，中江县、简阳市、仁寿县、安岳县和资中县农林牧渔生产总值位列前茅，均超百亿元，分别为 150.42 亿元、141.23 亿元、140.24 亿元、133.84 亿元和 113.96 亿元，累计占沱江流域农林牧渔生产总值的 29.41%。多数区（县、市）农林牧渔生产总值介于 30 亿～100 亿元；金牛区和成华区农林牧渔生产总值最低，分别为 0.1207 亿元和 0.1992 亿元，此外，茂县、龙马潭区和自流井区农林牧渔生产总值排名比较落后，分别为 19.65 亿元、18.82 亿元和 8.24 亿元，此五区的农林牧渔生产总值仅占沱江流域的 2.04%，如表 3－11 所示。

表 3－11 2018 年沱江流域各区（县、市）农林牧渔生产总值

单位：亿元，%

市（州）	区（县、市）	农林牧渔生产总值	占比	市（州）	区（县、市）	农林牧渔生产总值	占比
德阳市	旌阳区	61.58	2.66	乐山市	井研县	39.82	1.72
	罗江区	37.83	1.64	眉山市	仁寿县	140.24	6.07
	中江县	150.42	6.51	内江市	市中区	32.19	1.39
	广汉市	63.56	2.75		东兴区	88.64	3.83
	什邡市	51.09	2.21		威远县	82.94	3.59
	绵竹市	53.33	2.31		资中县	113.96	4.93
阿坝州	茂县	19.65	0.85		隆昌市	59.14	2.56
成都市	金牛区	0.1207	0.01	自贡市	自流井区	8.24	0.36
	成华区	0.1992	0.01		贡井区	26.60	1.15
	龙泉驿区	55.96	2.42		大安区	24.02	1.04
	青白江区	27.77	1.20		沿滩区	27.59	1.19
	新都区	49.57	2.14		荣县	80.61	3.49
	郫都区	43.01	1.86		富顺县	78.20	3.38

续表

市（州）	区（县、市）	农林牧渔生产总值	占比	市（州）	区（县、市）	农林牧渔生产总值	占比
成都市	金堂县	85.17	3.68	宜宾市	翠屏区	40.98	1.77
	都江堰市	49.74	2.15		南溪区	40.01	1.73
	崇州市	65.16	2.82		江安县	39.69	1.72
	简阳市	141.23	6.11	泸州市	江阳区	36.84	1.59
资阳市	雁江区	92.94	4.02		龙马潭区	18.82	0.81
	安岳县	133.84	5.79		泸县	82.76	3.58
	乐至县	68.49	2.96	沱江流域		2311.87	100.00

资料来源：沱江流域沿线各地市统计年鉴（2019）。

3.4.2 农业生产总值

2018年，沱江流域实现农业生产总值1196.31亿元，占全流域农林牧渔总产值的51.75%。从各区（县、市）农业生产总值来看，中江县、简阳市、安岳县和仁寿县是农业生产大县（市），农业生产总值分别为77.74亿元、69.61亿元、69.26亿元和65.86亿元，累计占沱江流域农业生产总值的23.62%。金牛区和成华区农业生产总值极小，仅占沱江流域农业生产总值的0.01%，且区内仅有农业，农业产值占农林牧渔总产值的比重为100%，隆昌市、自流井区和龙马潭区的农业生产总值排名也较落后，农业生产总值分别为2.65亿元、4.31亿元和7.84亿元，农业生产总值仅占沱江流域农业生产总值的1.26%。

表3-12 2018年沱江流域各区（县、市）农业生产总值

单位：亿元，%

市（州）	区（县、市）	农业生产总值	占比	市（州）	区（县、市）	农业生产总值	占比
德阳市	旌阳区	30.19	2.52	乐山市	井研县	14.62	1.22
	罗江区	19.54	1.63	眉山市	仁寿县	65.86	5.51
	中江县	77.74	6.50	内江市	市中区	13.34	1.12
	广汉市	38.35	3.21		东兴区	43.21	3.61
	什邡市	34.48	2.88		威远县	47.95	4.01
	绵竹市	31.75	2.65		资中县	59.54	4.98
阿坝州	茂县	—	—		隆昌市	2.65	0.22

续表

市（州）	区（县、市）	农业生产总值	占比	市（州）	区（县、市）	农业生产总值	占比
成都市	金牛区	0.12	0.01	自贡市	自流井区	4.31	0.36
	成华区	0.12	0.01		贡井区	14.70	1.23
	龙泉驿区	36.96	3.09		大安区	12.40	1.04
	青白江区	20.26	1.69		沿滩区	16.29	1.36
	新都区	29.28	2.45		荣县	43.94	3.67
	郫都区	40.75	3.41		富顺县	38.27	3.20
	金堂县	55.25	4.62	宜宾市	翠屏区	22.77	1.90
	都江堰市	17.99	1.50		南溪区	22.21	1.86
	崇州市	34.36	2.87		江安县	20.12	1.68
	简阳市	69.61	5.82	泸州市	江阳区	25.73	2.15
资阳市	雁江区	46.20	3.86		龙马潭区	7.84	0.66
	安岳县	69.26	5.79		泸县	44.83	3.75
	乐至县	23.52	1.97	沱江流域		1196.31	100.00

资料来源：沱江流域沿线各地市统计年鉴（2019）。

3.4.3 牧业生产总值

2018 年，沱江流域实现牧业生产总值 784.82 亿元，占全流域农林牧渔总产值的 33.95%。从各区（县、市）牧业生产总值来看，中江县、仁寿县、简阳市、安岳县和资中县排名靠前，牧业生产总值分别为 61.65 亿元、59.77 亿元、59.27 亿元、48.36 亿元和 40.04 亿元，累计占全流域牧业生产总值的 34.29%。郫都区、金堂县、自流井区、龙泉驿区和青白江区排名靠后，牧业生产总值分别为 0.30 亿元、0.87 亿元、2.68 亿元、2.33 亿元和 4.95 亿元，累计占全流域牧业生产总值的 1.42%，如表 3－13 所示。

3.4.4 林业生产总值

2018 年，沱江流域实现林业生产总值 107.24 亿元，占全流域农林牧渔总产值的 4.64%。从各区（县、市）林业生产总值来看，金堂县林业生产总值最高，占沱江流域林业生产总值的 21.34%，其次是龙泉驿区、荣县和富顺县，林业生产总值分别为 8.79 亿元、7.62 亿元和 6.65 亿元，累计占沱江流域林业生产总值的 34.29%。郫都区、龙马潭区、青白江区、新都区、广汉市和江阳区林业生产总值

表3-13 2018年沱江流域各区（县、市）牧业生产总值 单位：亿元，%

市（州）	区（县、市）	牧业生产总值	占比	市（州）	区（县、市）	牧业生产总值	占比
德阳市	旌阳区	25.94	3.31	乐山市	井研县	17.89	2.28
	罗江区	14.81	1.89	眉山市	仁寿县	59.77	7.62
	中江县	61.65	7.86	内江市	市中区	14.80	1.89
	广汉市	20.06	2.56		东兴区	33.58	4.28
	什邡市	13.40	1.71		威远县	26.01	3.31
	绵竹市	15.60	1.99		资中县	40.04	5.10
阿坝州	茂县	—	—		隆昌市	22.39	2.85
成都市	金牛区	0.00	0.00	自贡市	自流井区	2.68	0.34
	成华区	0.00	0.00		贡井区	8.50	1.08
	龙泉驿区	2.33	0.30		大安区	9.19	1.17
	青白江区	4.95	0.63		沿滩区	7.28	0.93
	新都区	16.91	2.15		荣县	25.80	3.29
	郫都区	0.30	0.04		富顺县	28.37	3.61
	金堂县	0.87	0.11	宜宾市	翠屏区	12.56	1.60
	都江堰市	21.57	2.75		南溪区	14.38	1.83
	崇州市	25.58	3.26		江安县	14.16	1.80
	简阳市	59.27	7.55	泸州市	江阳区	8.30	1.06
资阳市	雁江区	33.22	4.23		龙马潭区	9.14	1.16
	安岳县	48.36	6.16		泸县	29.65	3.78
	乐至县	35.51	4.52	沱江流域		784.82	100.00

资料来源：沱江流域沿线各地市统计年鉴（2019）。

较少，生产总值分别为0.08亿元、0.16亿元、0.17亿元、0.17亿元、0.23亿元和0.25亿元，累计占沱江流域林业生产总值的比重不足1%，如表3-14所示。

3.4.5 渔业生产总值

2018年，沱江流域实现渔业生产总值103.15亿元，占全流域农林牧渔总产值的4.46%。从各区（县、市）渔业生产总值来看，仁寿县渔业生产总值最高，为8.33亿元，占8.08%，其次内江市渔业整体发展较好，辖区东兴区、威远县、资中区和隆昌市4区（县）渔业生产总值都榜上有名，累计占沱江流域渔业生产总值的25.35%。郫都区、自流井区、青白江区和新都区渔业生产总值排名较落后，生产总值分别为0.2亿元、0.53亿元、0.58亿元和0.71亿元，合计仅占沱江流域渔业生产总值的1.95%，如表3－15所示。

表3－14 2018年沱江流域各区（县、市）林业生产总值 单位：亿元，%

市（州）	区（县、市）	林业生产总值	占比	市（州）	区（县、市）	林业生产总值	占比
德阳市	旌阳区	0.32	0.30	乐山市	井研县	2.00	1.86
	罗江区	0.38	0.35	眉山市	仁寿县	2.93	2.73
	中江县	5.96	5.56	内江市	市中区	0.44	0.41
	广汉市	0.23	0.21		东兴区	4.12	3.84
	什邡市	0.51	0.48		威远县	2.65	2.47
	绵竹市	1.56	1.45		资中县	5.16	4.81
阿坝州	茂县	—	—		隆昌市	2.16	2.01
成都市	金牛区	0.00	0.00	自贡市	自流井区	0.43	0.40
	成华区	0.00	0.00		贡井区	0.63	0.59
	龙泉驿区	8.79	8.20		大安区	0.86	0.80
	青白江区	0.17	0.16		沿滩区	1.68	1.57
	新都区	0.17	0.16		荣县	7.62	7.11
	郫都区	0.08	0.07		富顺县	6.65	6.20
	金堂县	22.89	21.34	宜宾市	翠屏区	0.70	0.65
	都江堰市	4.39	4.09		南溪区	1.33	1.24
	崇州市	1.17	1.09		江安县	2.89	2.69
	简阳市	4.08	3.80	泸州市	江阳区	0.25	0.23
资阳市	雁江区	4.89	4.56		龙马潭区	0.16	0.15
	安岳县	3.80	3.54		泸县	2.19	2.04
	乐至县	3.00	2.80	沱江流域		107.24	100.00

资料来源：沱江流域沿线各地市统计年鉴（2019）。

表3－15 2018年沱江流域各区（县、市）渔业生产总值 单位：亿元，%

市（州）	区（县、市）	渔业生产总值	占比	市（州）	区（县、市）	渔业生产总值	占比
德阳市	旌阳区	2.10	2.04	乐山市	井研县	5.14	4.98
	罗江区	1.83	1.77	眉山市	仁寿县	8.33	8.08
	中江县	1.76	1.71	内江市	市中区	1.95	1.89
	广汉市	2.30	2.23		东兴区	6.83	6.62
	什邡市	0.87	0.84		威远县	5.46	5.29
	绵竹市	1.47	1.43		资中县	7.86	7.62
阿坝州	茂县	—	—		隆昌市	6.00	5.82

续表

市（州）	区（县、市）	渔业生产总值	占比	市（州）	区（县、市）	渔业生产总值	占比
成都市	金牛区	0.00	0.00	自贡市	自流井区	0.53	0.51
	成华区	0.00	0.00		贡井区	2.28	2.21
	龙泉驿区	3.30	3.20		大安区	1.33	1.29
	青白江区	0.58	0.56		沿滩区	2.05	1.99
	新都区	0.71	0.69		荣县	2.54	2.46
	郫都区	0.20	0.19		富顺县	3.42	3.32
	金堂县	2.26	2.19	宜宾市	翠屏区	4.12	3.99
	都江堰市	2.89	2.80		南溪区	1.11	1.08
	崇州市	1.69	1.64		江安县	2.06	2.00
	简阳市	6.01	5.83	泸州市	江阳区	1.29	1.25
资阳市	雁江区	3.10	3.01		龙马潭区	1.32	1.28
	安岳县	3.40	3.30		泸县	5.07	4.92
	乐至县	2.53	2.45	沱江流域		103.15	100.00

资料来源：沱江流域沿线各地市统计年鉴（2019）。

第4章 沱江流域农业非点源污染环境风险评价

化肥的施用以及养殖废弃物排放如超过环境的自净能力就会对环境造成一定污染。沱江流域种养殖业发达，对促进四川省农业发展发挥了重要作用，那么种养殖业发展是否对环境造成危害？危害程度有多大？本章基于四川省及各地级市的统计年鉴数据，运用系数法估算种植业和养殖业发展对环境造成的风险，并判断风险等级，识别优先控制区域，为沱江流域农业非点源污染治理提供决策依据。

4.1 沱江流域化肥施用污染负荷及环境风险

4.1.1 评价方法

沱江流域化肥施用是否对环境造成了破坏，此处采取四川农业大学田若蘅（2018）的研究成果，综合考虑化肥投入强度、化肥利用效率和化肥施用安全阈值进行评估。具体公式为：

$$V = \left(\frac{D}{D + m \times T}\right)^{2C} \tag{4-1}$$

其中，V表示化肥施用风险指数；D表示化肥施用强度（地均化肥施用量），数据来源于表3-1；m表示耕地复种指数（农作物播种面积与耕地面积之比），原始数据通过各市（州）统计年鉴获取；T为化肥施用生态安全阈值，根据2014年《国家生态文明建设示范村镇指标（试行）》中的化肥施用生态标准确定为250千克/公顷；C表示化肥利用效率，此处根据《中国三大粮食作物肥料利用率研究报告》和张福锁等（2008）的研究结论，确定为33%。参考刘钦普等

（2015）研究成果将化肥施用风险指数进行分类，分类标准如表4-1所示。

表4-1 化肥施用的环境风险指数分类标准

风险程度	风险指数	特征描述
安全	0.00~0.50	生态系统状态稳定，对化肥施用风险、危害有抵抗力
低度风险	0.51~0.65	生态系统结构基本完整，对化肥施用潜在或已面临的危害有一定抵抗力
中等风险	0.66~0.75	生态系统结构遭破坏，土壤肥力下降和环境污染加剧
严重风险	0.76~0.80	生态系统结构破坏程度严重，土壤肥力下降和环境污染严重
紧急风险	0.81~1.00	生态系统结构明显残缺，化肥过量投入引起的风险、危害难以消除

4.1.2 结果分析

4.1.2.1 化肥施用强度

2018年，沱江流域化肥施用量为72.67×10^4吨，占全省的30.90%。由于各区（县、市）自然资源禀赋和种植结构存在差异，化肥施用量差距悬殊。其中，中江县最高（69763吨），占整个沱江流域的9.60%，金牛区最低（20吨），仅占0.003%。地均化肥施用量为417.08千克/公顷，高于四川省平均水平（349.85千克/公顷），也高于中国生态文明市建设的化肥施用强度标准（250千克/公顷），耕地承载能力超负荷。其中，什邡市最高（1052.48千克/公顷），金牛区最低（26.60千克/公顷），差异高达38.57倍。仅有金牛区、成华区、雁江区、安岳县、乐至县、隆昌市、翠屏区、南溪区、江安县9个区（县、市）低于250千克/公顷，达到中国生态文明市建设化肥施用强度标准；茂县、青白江区等19个区（县、市）介于250~500千克/公顷；旌阳区、罗江区、沿滩区等12个区（县、市）介于500~1000千克/公顷，如表4-2所示。

表4-2 2018年沱江流域各区（县、市）化肥施用强度及污染风险指数

单位：吨，%，千克/公顷

市（州）	区（县、市）	化肥施用量	占比	环境强度	风险指数	风险等级
德阳市	旌阳区	16265	2.24	510.55	0.69	中等风险
	罗江区	19748	2.72	797.34	0.83	紧急风险
	中江县	69763	9.60	686.64	0.70	中等风险
	广汉市	25673	3.53	800.99	0.73	中等风险

续表

市（州）	区（县、市）	化肥施用量	占比	环境强度	风险指数	风险等级
德阳市	什邡市	24715	3.40	1052.48	0.81	紧急风险
	绵竹市	23155	3.19	673.66	0.71	中等风险
阿坝州	茂县	2677	0.37	309.06	0.66	中等风险
成都市	金牛区	20	0.003	26.60	0.44	安全
	成华区	49	0.01	37.96	0.48	安全
	龙泉驿区	3334	0.46	422.79	0.61	低度风险
	青白江区	5441	0.75	288.12	0.66	中等风险
	新都区	10492	1.44	409.33	0.67	中等风险
	郫都区	15226	2.10	743.27	0.90	紧急风险
	金堂县	23191	3.19	410.46	0.66	中等风险
	都江堰市	10764	1.48	402.97	0.74	中等风险
	彭州市	19108	2.63	376.86	0.66	中等风险
	简阳市	31838	4.38	296.02	0.54	低度风险
资阳市	雁江区	20870	2.87	240.87	0.49	安全
	安岳县	14821	2.04	95.42	0.38	安全
	乐至县	15500	2.13	196.83	0.48	安全
乐山市	井研县	14410	1.98	334.28	0.62	低度风险
眉山市	仁寿县	57586	7.92	494.39	0.70	中等风险
内江市	市中区	8121	1.12	368.06	0.63	低度风险
	东兴区	35736	4.92	543.46	0.71	中等风险
	威远县	19230	2.65	347.22	0.60	低度风险
	资中县	43440	5.98	514.12	0.66	中等风险
	隆昌市	11436	1.57	248.13	0.54	低度风险
自贡市	自流井区	3002	0.41	472.68	0.71	中等风险
	贡井区	11444	1.57	511.67	0.73	中等风险
	大安区	9889	1.36	433.00	0.68	中等风险
	沿滩区	16837	2.32	640.55	0.74	中等风险
	荣县	22104	3.04	332.89	0.61	低度风险
	富顺县	26867	3.70	372.81	0.60	低度风险
宜宾市	翠屏区	10293	1.42	222.58	0.53	低度风险
	南溪区	7530	1.04	230.00	0.60	低度风险
	江安县	5481	0.75	141.32	0.46	安全

续表

市（州）	区（县、市）	化肥施用量	占比	环境强度	风险指数	风险等级
泸州市	江阳区	13850	1.91	460.69	0.70	中等风险
	龙马潭区	6363	0.88	414.70	0.75	中等风险
	泸县	33939	4.67	400.89	0.69	中等风险
沱江流域		726704	100.00	417.08	0.65	中等风险

4.1.2.2 化肥施用的环境风险

沱江流域化肥施用风险指数为0.65，处于中等风险水平，表明生态系统结构遭破坏，化肥过量投入带来的风险和危害超出有效控制范围，土壤肥力下降和环境污染加剧，“生产—生活—生态”之间的协同发展受到较为严重的影响，情况不容乐观。具体情况如表4－3所示，其中有6个区（县、市）处于安全状态，占15.38%，散乱分布在上中下游地区，分别是金牛区、成华区、雁江区、安岳县、乐至县、江安区，但是这几个区（县、市）虽然处于安全状态，但是环境风险指数较为接近0.5；有10个区（县、市）处于低度风险状态，占25.64%，分布在中下游地区，包括龙泉驿区、简阳市、井研县、市中区、威远县、隆昌市、荣县、富顺县、翠屏区、南溪区；有20个区（县、市）处于中度风险状态，占51.28%，随机分布在全流域；有3个（县、市）处于紧急风险状态，占7.69%，均位于上游地区，分别是郫都区、什邡市、罗江区。根据全流域化肥施用的环境风险指数进行分类分区治理势在必行尤其德阳市和泸州市地区，过度消耗生态环境的现象较为严重，各区（县、市）化肥施用的环境风险均位于中等和紧急状态。

表4－3 沱江流域化肥施用环境污染风险分区 单位：个，%

分类	区（县、市）	个数	比重
安全区	金牛区、成华区、雁江区、安岳县、乐至县、江安县	6	15.38
低度风险区	龙泉驿区、简阳市、井研县、市中区、威远县、隆昌市、荣县、富顺县、翠屏区、南溪区	10	25.64
中度风险区	旌阳区、中江县、广汉市、绵竹市、茂县、青白江区、新都区、金堂县、都江堰市、彭州市、仁寿县、东兴区、资中县、自流井区、贡井区、大安区、沿滩区、江阳区、龙马潭区、泸县	20	51.28
紧急风险区	郫都区、什邡市、罗江区	3	7.69

4.2 沱江流域牲畜粪尿污染负荷及环境风险

4.2.1 评价方法

4.2.1.1 畜禽养殖污染物排放量估算

粪尿是畜禽养殖过程中最主要的废弃物，粪尿中的氮磷流失是造成农业非点源污染的主要元素。因此，本书运用系数法重点估算粪尿排放量，估算公式为：

$$F_i = Q_i \times f_i \times T_i \quad (4-2)$$

$$U_i = Q_i \times u_i \times T_i \quad (4-3)$$

式（4-2）和式（4-3）中，F_i 表示第 i 类畜禽粪便排放量，U_i 表示第 i 类畜禽尿液排放量，f_i 表示第 i 类畜禽粪便排放系数，u_i 表示第 i 类畜禽尿液排放系数，Q_i 表示第 i 类畜禽当年饲养量，原始数据通过各市（州）统计年鉴获取，T_i 表示第 i 类畜禽的饲养周期，分别取牛 365 天、羊 365 天、猪 200 天、家禽 210 天。不同畜禽粪尿排泄系数如表 4-4 所示。

表 4-4 不同畜禽粪尿排泄系数 单位：千克/天

排泄物	排泄系数	排泄物	排泄系数
牛粪	20.0	羊粪	2.6
牛尿	10.0	羊尿	0.2
猪粪	2.0	家禽粪	0.13
猪尿	3.3		

资料来源：环保部。

4.2.1.2 畜禽养殖污染物环境风险评估

由于畜禽粪尿及污染物种类较多，为了方便与下文养殖污染环境风险测度相统一，此处选择总氮换算为猪粪当量后作为研究对象，以字母 EC 表示，用环保部公布的畜禽粪尿猪粪当量换算系数，根据畜禽粪便含氮量差异，将不同畜禽粪尿排放量换算成猪粪当量后叠加求和，其计算公式为：

$$EC = \sum_{i=1}^{n} (F_i \cdot X_i + U_i \cdot Y_i) \quad (4-4)$$

其中，EC 表示猪粪当量排放量，X_i 表示第 i 类畜禽粪便猪粪当量系数，Y_i 表示第 i 类畜禽尿液猪粪当量系数，如表 4－5 所示。

表 4－5　不同畜禽粪尿与猪粪的氮量换算系数　　单位：%

排泄物	氮	换算系数
牛粪	0.45	0.69
牛尿	0.80	1.23
猪粪	0.65	1.00
猪尿	0.33	0.57
羊粪	0.80	1.23
羊尿	0.80	1.23
家禽粪	1.37	2.10

资料来源：环保部。

相关研究表明，土地每年消纳猪粪当量的能力为 30～50 吨/公顷，若高出这一水平就会引起土壤的富营养化，或者导致污染物流失造成水体污染，对环境造成一定危害。由于各地区农作物种植结构不同，其种植制度的差异会导致耕地消纳猪粪当量的能力有差异，此处根据姚升和王光宇（2016）的研究，以复种指数的大小来确定单位耕地面积猪粪当量的最大消纳能力，如表 4－6 所示。畜禽养殖污染物环境风险预警值的计算公式为：

$$R = \frac{A}{T} \tag{4-5}$$

其中，R 为环境风险预警值，A 为实际负荷，T 为理论最大负荷。环境风险预警值划分标准如表 4－7 所示。

表 4－6　不同复种指数单位耕地面积猪粪当量最大消纳能力

单位：吨/公顷

复种指数	最大消纳能力
(0.0～1.0)	30.00
(1.0～1.4)	35.00
(1.4～1.8)	40.00
(1.8～2.2)	45.00
(2.2，＋∞)	50.00

表 4-7 畜禽养殖污染物环境风险预警值划分标准

风险预警值	风险等级	危害程度
(0.0~0.4)	Ⅰ	无危害
(0.4~0.7)	Ⅱ	稍有危害
(0.7~1.0)	Ⅲ	有危害
(1.0~1.5)	Ⅳ	危害较严重
(1.5~2.5)	Ⅴ	危害严重
(2.5, +∞)	Ⅵ	危害很严重

4.2.2 结果分析

4.2.2.1 牲畜粪尿污染排放强度

2018 年，沱江流域畜禽养殖粪便和尿液排泄量分别为 3201.18×10^4 吨、4049.54×10^4 吨，平均值分别为 80.03×10^4 吨、101.24×10^4 吨。中江县、简阳市、金堂县、雁江区、安岳县、乐至县、仁寿县、东兴区、资中县、荣县、富顺县 11 个区（县、市）养殖粪便和尿液排泄量较高，粪便累计排放 1818.28×10^4 吨，占 56.80%，尿液累计排放 2279.56×10^4 吨，占 56.29%，其余区（县、市）养殖粪便和尿液排泄量较低，金牛区、成华区属于成都市核心区，城市人口密集，第三产业发达，不利于发展养殖业，粪便和尿液排泄量为零。2018 年沱江流域单位耕地面积猪粪当量氮承载量为 35.98 吨/公顷，其中，茂县最高（194.89 吨/公顷），金牛区、成华区最低（0 吨/公顷），茂县是四川省藏族集聚区之一，山地畜牧和农区畜牧业较为发达，耕地面积较少，故环境承载力较低。多数区（县、市）单位耕地面积猪粪当量氮承载量介于 20~50 吨/公顷，单位耕地面积猪粪当量氮承载量呈现出由上游向中下游递减的特征，下游地区仅有自贡市大安区和泸州市龙马潭区单位耕地面积猪粪当量氮承载量较高，分别为 62.91 吨/公顷、83.62 吨/公顷。

4.2.2.2 牲畜粪尿污染排放风险评价

沱江流域畜禽养殖环境风险预警值为 0.90，表明养殖业的发展已经超过了环境的承载能力，对生态环境造成了一定程度的危害。各区（县、市）畜禽养殖环境污染风险指数如表 4-8 所示。其中，茂县风险预警值最高为 4.87，对环境的危害很严重，金牛区、成华区、龙泉驿区、泸县、郫都区 5 个区（县、市）低于 0.3，属于无危害区；青白江区、雁江区、威远县等 8 个区（县、市）的风险

预警值介于0.4～0.7，属于稍有危害区；彭州市、市中区、自流井区、江安县等14个区（县、市）风险预警值介于0.7～1.0，属于有危害区；罗江区、绵竹市、金堂县等7个区（县、市）的风险预警值介于1.0～1.5，属于危害较严重区；广汉市、大安区等4个区（县、市）的风险预警值介于1.5～2.5，属于危害严重区。控制畜禽养殖污染是治理沱江流域农业非点源污染的关键。自2014年中央出台禁养令以来，各区（县、市）养殖规模呈现出减少的趋势，加上受到非洲猪瘟的影响，2018年各区（县、市）生猪养殖规模大幅度下降，但是整体上看，并未有效缓解养殖业对流域水环境的影响，根据全流域畜禽养殖环境风险预警值进行分类分区治理，茂县、龙马潭区及德阳市各区（县）畜禽养殖环境风险预警值均较高，必须成为优先治理区域。

表4－8 2018年沱江流域各区（县、市）养殖粪尿排泄量及环境污染风险指数

单位：万吨，%，吨/公顷

市（州）	区（县、市）	粪便	比重	尿液	比重	环境强度	风险指数	风险等级
德阳市	旌阳区	111.19	3.47	119.25	2.94	92.60	2.32	危害严重
	罗江区	52.82	1.65	78.24	1.93	47.02	1.18	危害较严重
	中江县	243.84	7.62	432.95	10.69	63.98	1.60	危害严重
	广汉市	89.34	2.79	133.78	3.30	80.13	2.00	危害严重
	什邡市	49.95	1.56	64.68	1.60	46.11	1.15	危害较严重
	绵竹市	66.89	2.09	100.68	2.49	42.79	1.07	危害较严重
阿坝州	茂县	39.99	1.25	160.34	3.96	194.89	4.87	危害很严重
成都市	金牛区	0.00	0.00	0.00	0.00	0.00	0.00	无危害
	成华区	0.00	0.00	0.00	0.00	0.00	0.00	无危害
	龙泉驿区	1.27	0.04	0.94	0.02	3.11	0.08	无危害
	青白江区	15.09	0.47	23.64	0.58	19.68	0.49	稍有危害
	新都区	24.38	0.76	19.77	0.49	24.79	0.62	稍有危害
	郫都区	0.92	0.03	0.82	0.02	0.91	0.02	无危害
	金堂县	127.25	3.98	217.22	5.36	53.20	1.33	危害较严重
	都江堰市	49.97	1.56	46.78	1.16	42.77	1.07	危害较严重
	崇州市	81.61	2.55	106.41	2.63	44.60	1.12	危害较严重
	简阳市	213.02	6.65	157.29	3.88	28.31	0.71	有危害

续表

市（州）	区（县、市）	粪便	比重	尿液	比重	环境强度	风险指数	风险等级
资阳市	雁江区	146.14	4.57	138.69	3.42	26.12	0.65	稍有危害
	安岳县	227.25	7.10	359.92	8.89	31.10	0.78	有危害
	乐至县	175.65	5.49	119.06	2.94	31.02	0.78	有危害
乐山市	井研县	74.96	2.34	90.42	2.23	26.63	0.67	稍有危害
眉山市	仁寿县	190.04	5.94	191.83	4.74	28.44	0.71	有危害
内江市	市中区	31.93	1.00	45.49	1.12	28.30	0.71	有危害
	东兴区	100.40	3.14	128.51	3.17	30.60	0.76	有危害
	威远县	88.52	2.77	82.20	2.03	26.96	0.67	稍有危害
	资中县	112.39	3.51	129.65	3.20	23.80	0.59	稍有危害
	隆昌市	66.36	2.07	60.96	1.51	29.34	0.73	有危害
自贡市	自流井区	11.31	0.35	11.70	0.29	40.08	1.00	有危害
	贡井区	35.35	1.10	33.09	0.82	31.30	0.78	有危害
	大安区	51.77	1.62	90.73	2.24	62.91	1.57	危害严重
	沿滩区	36.80	1.15	25.65	0.63	24.90	0.62	稍有危害
	荣县	124.13	3.88	133.34	3.29	33.45	0.84	有危害
	富顺县	147.38	4.60	151.85	3.75	38.67	0.97	有危害
宜宾市	翠屏区	65.05	2.03	120.62	2.98	32.64	0.82	有危害
	南溪区	63.28	1.98	78.40	1.94	39.86	1.00	有危害
	江安县	72.03	2.25	104.14	2.57	37.13	0.93	有危害
泸州市	江阳区	46.14	1.44	58.71	1.45	27.13	0.68	稍有危害
	龙马潭区	43.34	1.35	73.20	1.81	83.62	2.09	危害严重
	泸县	55.84	1.74	64.33	1.59	11.22	0.28	无危害
沱江流域		3201.18	100.00	4049.54	100.00	35.98	0.90	有危害

4.3 本章小结

沱江流域化肥施用及养殖废弃物排放环境风险呈现出以下特征：

第一，2018年沱江流域单位耕地面积化肥施用量为417.08千克/公顷，高于四川省平均水平（349.85千克/公顷），远高于中国生态文明市建设的化肥施用强度标准（250千克/公顷）。环境风险指数为0.65，处于中等风险水平。尽管从2015年开始，四川省全面落实农业部《到2020年化肥施用量零增长行动方案》精神，流域各区（县、市）化肥施用实现了负增长，但77.5%的区（县、市）化肥施用强度仍然高于生态阈值，化肥施用的环境风险指数为0.65，处于中等风险水平，表明化肥过量投入带来的风险和危害超出有效控制范围。其中有6个区（县、市）处于安全状态，占15.38%；有10个区（县、市）处于低度风险状态，占25.64%；有20个区（县、市）处于中度风险状态，占51.28%；有3个（县、市）处于紧急风险状态，占7.69%。郫都区、什邡市和罗江区应该成为化肥污染控制的有限区域。

第二，2018年沱江流域畜禽养殖类便和尿液排泄量分别为3201.18×10^4吨、4049.54×10^4吨，单位耕地面积猪粪当量氮承载量为35.98吨/公顷，环境污染风险指数为0.90，表明沱江流域养殖业的发展已经超过了环境的承载能力，对沱江流域环境造成了一定程度的危害。其中，无危害区5个，占12.82%；稍有危害区8个，占20.51%；有危害区15个，占38.46%；危害较严重区6个，占15.38%；危害严重区4个，占10.26%，危害很严重区1个，占2.56%，旌阳区、中江县、广汉市、龙马潭区和茂县应该成为养殖污染治理的优先区域，如表4-9所示。

表4-9　沱江流域畜禽养殖的环境污染风险分区　　单位：个，%

分类	区（县、市）	个数	比重
无危害区	金牛区、成华区、龙泉驿区、郫都区、泸县	5	12.82
稍有危害区	青白江区、新都区、雁江区、井研县、威远县、资中县、沿滩区、江阳区	8	20.51
有危害区	彭州市、简阳市、安岳县、乐至县、仁寿县、市中区、东兴区、隆昌市、自流井区、贡井区、荣县、富顺县、翠屏区、南溪区、江安县	15	38.46
危害较严重区	罗江区、什邡市、绵竹市、金堂县、都江堰市、大安区	6	15.38
危害严重区	旌阳区、中江县、广汉市、龙马潭区	4	10.26
危害很严重区	茂县	1	2.56

第 5 章　沱江流域农业非点源污染与农业经济增长的关系

促进农业资源环境与农业经济增长协调发展是我国高质量发展中需要高度重视的问题。正确认识农业资源环境与农业经济增长的关系是促进两者协同发展的基础。目前，脱钩是刻画资源环境与经济增长关系的主要工具，本章将运用“速度脱钩”和“数量脱钩”模型重点考察沱江流域农业非点源污染与经济增长的关系。一方面，运用环境库兹涅茨曲线检验化肥施用强度与农业经济增长是否存在倒“U”型曲线关系、养殖污染排放强度与牧业经济增长是否存在倒“U”型曲线关系；另一方面，运用 Tapio 脱钩模型判断化肥施用量与农业经济之间的脱钩关系、养殖污染排放量（当量猪粪氮排放量）与牧业经济增长之间的脱钩关系。

5.1　沱江流域农业非点源污染与农业经济增长的 EKC 曲线关系

5.1.1　EKC 曲线模型构建

库兹涅茨曲线又称为 EKC 曲线，最早由美国的经济学家 Grossman 和 Krueger（1991）提出，EKC 曲线的核心内容就是验证了环境质量与人均收入之间存在非线性的倒“U”型曲线关系，描述了当经济发展水平较低的时候，人们不会关注环境质量问题，环境质量会随着经济发展水平的不断提高而不断恶化，当经济发展到较高水平时，人们会更加注重环境质量，环境质量会随着经济发展水平的不

断提高而不断改善，其变化趋势如图5-1所示。国内外的许多研究也证明了环境污染与经济增长之间存在倒“U”型的曲线关系（陈勇等，2010；陈延斌等，2011；许广月和宋德勇，2011），但一些研究发现环境污染与经济增长还存在正“U”型曲线关系、“N”型曲线关系、倒“N”型曲线关系，或是更复杂的曲线（吴开亚等，2012；吴文洁和韩伟，2011；高标等，2013）。还有一些研究证明一些环境污染指标与经济增长之间存在线性的关系（王媛和李传桐，2014）。

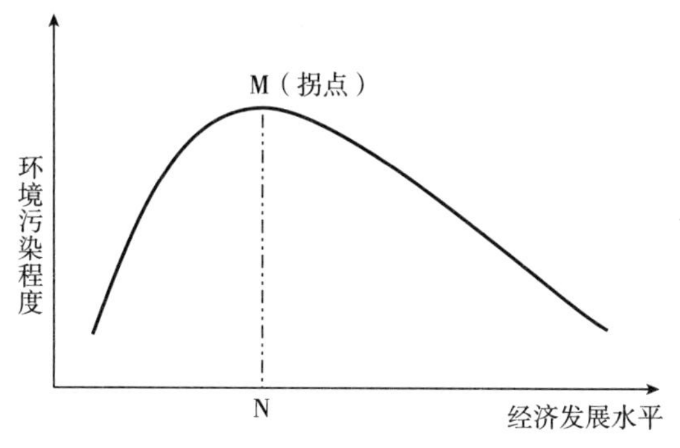

图5-1 环境库兹涅茨曲线（EKC）

构建沱江流域农业非点源污染强度与经济增长的二次曲线模型：

$$LNANPSP = \beta + \alpha_1 LNAGDP + \alpha_2 LNAGDP^2 + \varepsilon \tag{5-1}$$

其中，LNAGDP表示人均农业生产总值和人均牧业生产总值的对数值，LNANPSP表示化肥施用强度和养殖污染排放强度的对数值，β表示常数项，α_1表示一次项估计参数，α_2表示二次项估计参数，ε表示随机扰动项。根据α_2的不同取值来反映农业非点源污染强度与经济发展水平之间存在的曲线关系。

若$\alpha_1=\alpha_2=0$。那么，农业非点源污染强度与经济发展水平之间没有关系。

若$\alpha_2=0$，$\alpha_1\neq0$。那么，农业非点源污染强度与经济发展水平之间存在线性关系。

若$\alpha_2>0$，α_1为任何实数。那么，农业非点源污染强度与经济发展水平之间存在正“U”型曲线的关系。

若$\alpha_2<0$，α_1为任何实数。那么，农业非点源污染强度与经济发展水平之间存在倒“U”型曲线的关系。

5.1.2 模型结果分析

5.1.2.1 化肥施用强度与农业经济增长的EKC曲线分析

（1）德阳市。德阳市化肥施用强度与农业经济增长之间存在倒“U”型曲线的关系，化肥施用强度与农业经济增长之间的函数关系为 $y = -0.726x^2 + 11.578x - 39.260$，方程的拟合优度 $R^2 = 0.7429$，表明该方程具有 74.29% 的解释力度，如图 5-2 所示。具体来看，当德阳市人均农业生产总值为 2904.45 元时，化肥施用强度处于倒“U”型曲线最大值的拐点，2018 年德阳市人均农业生产总值为 6545.48 元，化肥施用强度已经跨过了倒“U”型曲线的波峰点，跨越时间在 2009~2010 年。反映出目前德阳市化肥施用强度处在倒“U”型曲线的右半部分，说明在未来一段时间内种植业发展促进农业经济增长的同时，化肥施用强度会随之下降。

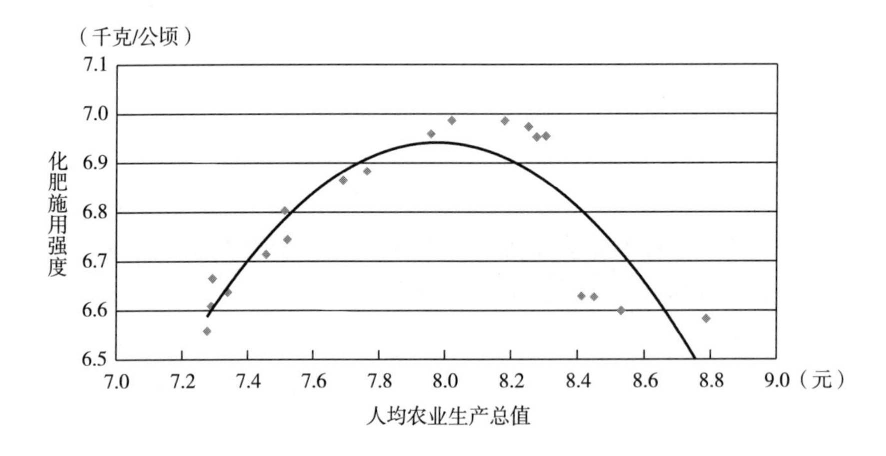

图 5-2　德阳市化肥施用强度与农业经济增长的环境库兹涅茨曲线

（2）成都市。成都市化肥施用强度与农业经济增长之间存在倒“U”型曲线的关系。化肥施用强度与农业经济增长之间的函数关系为 $y = -0.452x^2 + 6.416x - 16.446$，方程的拟合优度 $R^2 = 0.6734$，表明该方程具有 67.34% 的解释力度，如图 5-3 所示。具体来看，当成都市人均农业生产总值为 1202.91 元时，化肥施用强度处于倒“U”型曲线最大值的拐点，2018 年成都市人均农业生产总值为 3479.83 元，化肥施用强度已经跨过了倒“U”型曲线的波峰点，跨越时间在 2008~2009 年。反映出成都市目前化肥施用强度处在倒“U”型曲线的右半部分，说明在未来一段时间内种植业发展促进农业经济增长的同时，化肥施用强度会随之下降。

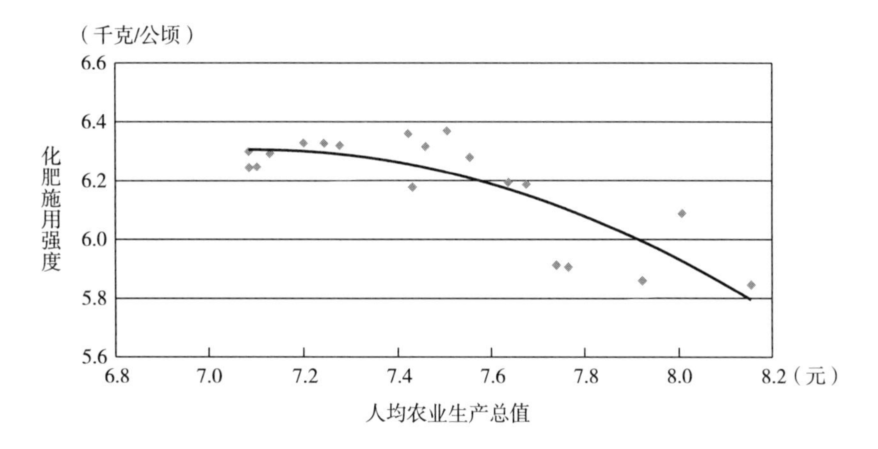

图5-3　成都市化肥施用强度与农业经济增长的环境库兹涅茨曲线

（3）资阳市。资阳市化肥施用强度与农业经济增长之间存在倒“U”型曲线的关系。化肥施用强度与农业经济增长之间的函数关系为 $y=-1.267x^2+18.779x-67.138$，方程的拟合优度 $R^2=0.5939$，表明该方程具有59.39%的解释力度，如图5-4所示。具体来看，当资阳市人均农业生产总值为2394.91元时，化肥施用强度处于倒“U”型曲线最大值的拐点，2018年资阳市人均农业生产总值为5532.5元，化肥施用强度已经跨过了倒“U”型曲线的波峰点，跨越时间在2009～2010年。反映出资阳市目前化肥施用强度处在倒“U”型曲线的右半部分，说明在未来一段时间内种植业发展促进农业经济增长的同时，化肥施用强度会随之下降。

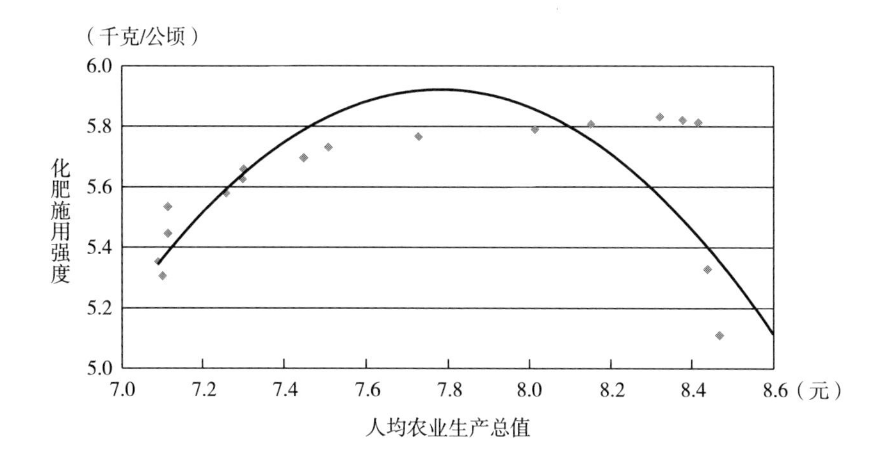

图5-4　资阳市化肥施用强度与农业经济增长的环境库兹涅茨曲线

（4）内江市。内江市化肥施用强度与农业经济增长之间存在倒“U”型曲线的关系，化肥施用强度与农业经济增长之间的函数关系为 $y = -0.494x^2 + 7.292x - 20.524$，方程的拟合优度 $R^2 = 0.7017$，表明该方程具有 70.17% 的解释力度，如图 5－5 所示。具体来看，当内江市人均农业生产总值为 1537.48 元时，化肥施用强度处于倒“U”型曲线最大值的拐点，2018 年内江市人均农业生产总值为 4626.34 元，化肥施用强度已经跨过了倒“U”型曲线的波峰点，跨越时间在 2008～2009 年。反映出内江市目前化肥施用强度处在倒“U”型曲线的右半部分，说明在未来一段时间内种植业发展促进农业经济增长的同时，化肥施用强度会随之下降。

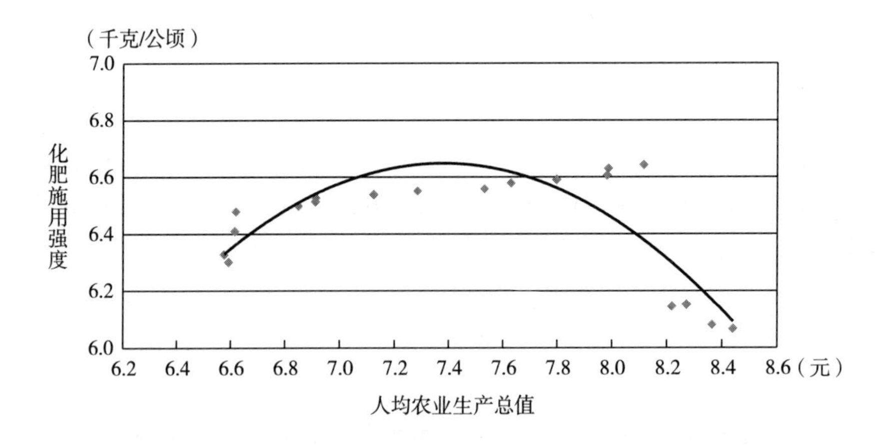

图 5－5　内江市化肥施用强度与农业经济增长的环境库兹涅茨曲线

（5）自贡市。自贡市化肥施用强度与农业经济增长之间存在倒“U”型曲线的关系，化肥施用强度与农业经济增长之间的函数关系为 $y = -0.930x^2 + 14.059x - 46.619$，方程的拟合优度 $R^2 = 0.7327$，表明该方程具有 73.27% 的解释力度，如图 5－6 所示。具体来看，当自贡市人均农业生产总值为 1912.37 元时，化肥施用强度处于倒“U”型曲线最大值的拐点，2018 年自贡市人均农业生产总值为 4026.15 元，化肥施用强度已经跨过了倒“U”型曲线的波峰点，跨越时间在 2009～2010 年。反映出自贡市目前化肥施用强度处在倒“U”型曲线的右半部分，说明在未来一段时间内种植业发展促进农业经济增长的同时，化肥施用强度会随之下降。

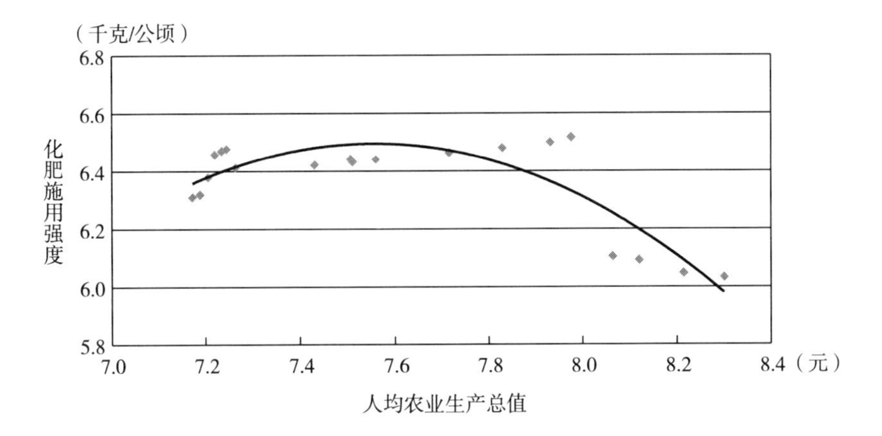

图 5－6　自贡市化肥施用强度与农业经济增长的环境库兹涅茨曲线

（6）泸州市。泸州市化肥施用强度与农业经济增长之间存在倒“U”型曲线的关系，化肥施用强度与农业经济增长之间的函数关系为 $y = -0.155x^2 + 2.498x - 3.793$，方程的拟合优度 $R^2 = 0.9313$，表明该方程具有 93.13% 的解释力度，如图 5－7 所示。具体来看，当泸州市人均农业生产总值为 3097.31 元时，化肥施用强度处于倒“U”型曲线最大值的拐点，2018 年泸州市人均农业生产总值为 3420.79 元，化肥施用强度刚跨过倒“U”型曲线的波峰点，跨越时间在 2016～2017 年。反映出目前化肥施用强度处在倒“U”型曲线的右半部分，说明在未来一段时间内种植业发展促进农业经济增长的同时，化肥施用强度会随之下降。

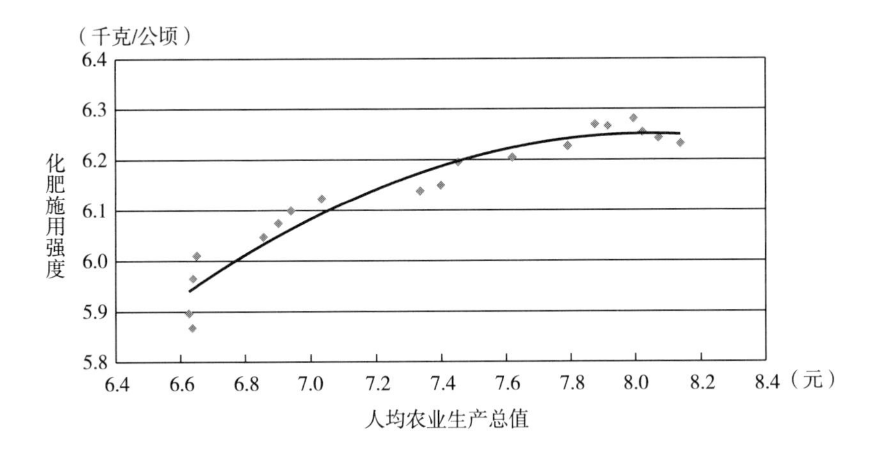

图 5－7　泸州市化肥施用强度与农业经济增长的环境库兹涅茨曲线

5.1.2.2　牲畜粪尿排放强度与牧业经济增长的环境库兹涅茨曲线分析

（1）德阳市。德阳市养殖污染排放强度与牧业经济增长之间存在倒“U”型曲线的关系，养殖污染排放强度与牧业经济增长之间的函数关系为 $y = -0.759x^2 + 11.836x - 41.732$，方程的拟合优度 $R^2 = 0.8538$，表明该方程具有 85.38% 的解释力度，如图 5－8 所示。具体来看，当德阳市人均牧业生产总值为 2443.56 元时，养殖污染排放强度处于倒“U”型曲线最大值的拐点，2018 年德阳市人均牧业生产总值为 7170.55 元，养殖污染排放强度已经跨过了倒“U”型曲线的波峰点，跨越时间在 2010～2011 年。反映出德阳市养殖污染排放强度处在倒“U”型曲线的右半部分，说明在未来一段时间内养殖业发展促进经济增长的同时，养殖粪尿污染排放会随之下降，排放强度会持续降低。

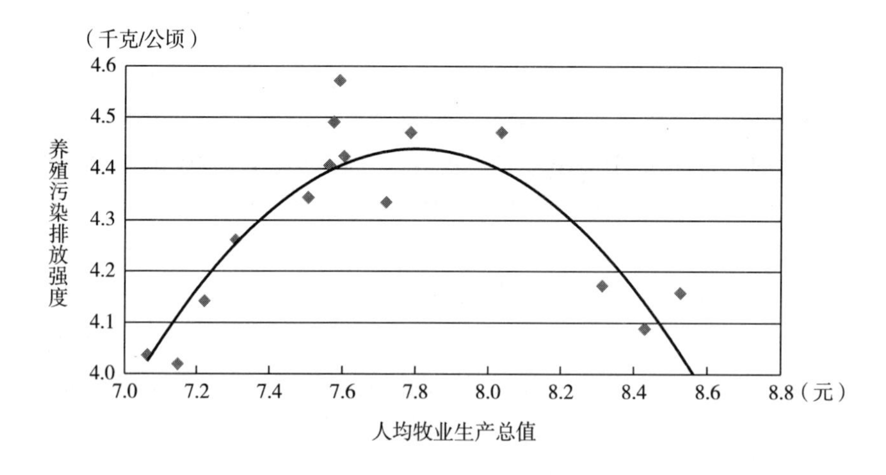

图 5－8　德阳市养殖污染排放强度与牧业经济增长的环境库兹涅茨曲线

（2）成都市。成都市养殖污染排放强度与牧业经济增长之间存在倒“U”型曲线的关系，养殖污染排放强度与牧业经济增长之间的函数关系为 $y = -0.997x^2 + 14.246x - 46.721$，方程的拟合优度 $R^2 = 0.5522$，表明该方程具有 55.22% 的解释力度，如图 5－9 所示。具体来看，当成都市人均牧业生产总值为 1270.29 元时，养殖污染排放强度处于倒“U”型曲线最大值的拐点，2018 年成都市人均牧业生产总值为 1913.51 元，养殖污染排放强度已经跨过了倒“U”型曲线的波峰点，跨越时间在 2006～2007 年。反映出成都市养殖污染排放强度处在倒“U”型曲线的右半部分，说明在未来一段时间内养殖业发展促进经济增长的同时，养殖粪尿污染排放会随之下降，排放强度会持续降低。

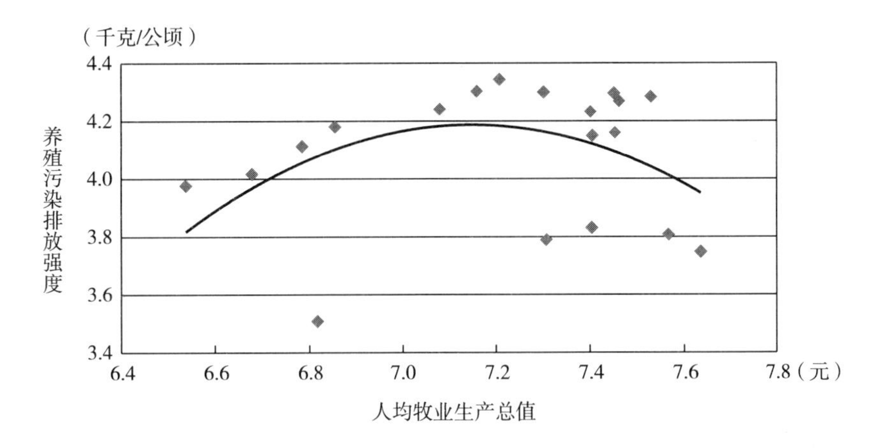

图5－9 成都市养殖污染排放强度与牧业经济增长的环境库兹涅茨曲线

（3）资阳市。资阳市养殖污染排放强度与牧业经济增长之间存在倒“U”型曲线的关系，养殖污染排放强度与牧业经济增长之间的函数关系为 $y = -0.498x^2 + 7.749x - 25.981$，方程的拟合优度 $R^2 = 0.7016$，表明该方程具有70.16%的解释力度，如图5－10所示。具体来看，当资阳市人均牧业生产总值为2392.27元时，养殖污染排放强度处于倒“U”型曲线最大值的拐点，2018年资阳市人均牧业生产总值为8642.11元，养殖污染排放强度已经跨过了倒“U”型曲线的波峰点，跨越时间在2006～2007年。反映出资阳市养殖污染排放强度处在倒“U”型曲线的右半部分，说明在未来一段时间内养殖业发展促进经济增长的同时，养殖粪尿污染排放会随之下降，排放强度会持续降低。

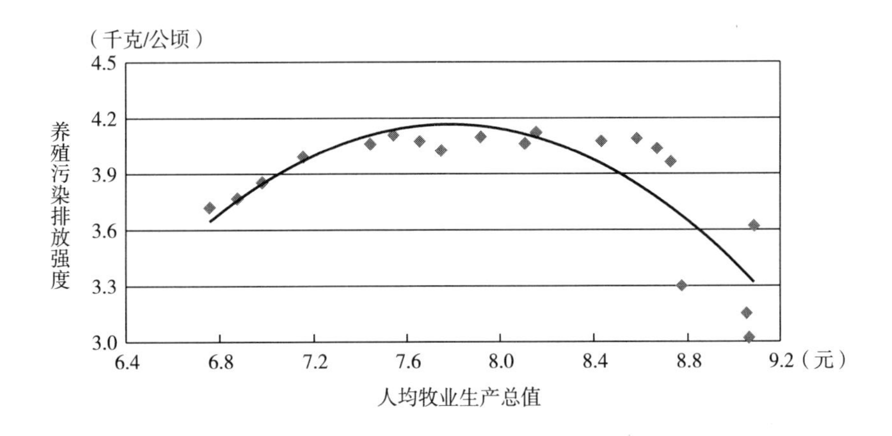

图5－10 资阳市养殖污染排放强度与牧业经济增长的环境库兹涅茨曲线

（4）内江市。内江市养殖污染排放强度与牧业经济增长之间存在倒“U”型曲线的关系，养殖污染排放强度与牧业经济增长之间的函数关系为 $y = -0.686x^2 + 9.757x - 30.560$，方程的拟合优度 $R^2 = 0.6455$，表明该方程具有 64.55% 的解释力度，如图 5－11 所示。具体来看，当内江市人均牧业生产总值为 1230.284 元时，养殖污染排放强度处于倒“U”型曲线最大值的拐点，2018 年内江市人均牧业生产总值为 3322.54 元，养殖污染排放强度已经跨过了倒“U”型曲线的波峰点，跨越时间在 2006～2007 年。反映出内江市养殖污染排放强度处在倒“U”型曲线的右半部分，说明在未来一段时间内养殖业发展促进经济增长的同时，养殖粪尿污染排放会随之下降，排放强度会持续降低。

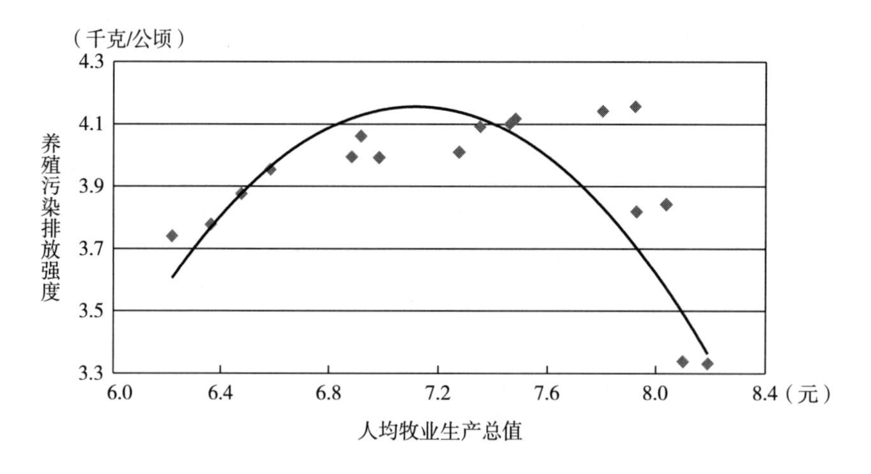

图 5－11　内江市养殖污染排放强度与牧业经济增长的环境库兹涅茨曲线

（5）自贡市。自贡市养殖污染排放强度与牧业经济增长之间存在倒“U”型曲线的关系，养殖污染排放强度与牧业经济增长之间的函数关系为 $y = -5.043x^2 + 75.196x - 276.290$，方程的拟合优度 $R^2 = 0.8993$，表明该方程具有 89.93% 的解释力度，如图 5－12 所示。具体来看，当自贡市人均牧业生产总值为 1730.21 元时，养殖污染排放强度处于倒“U”型曲线最大值的拐点，2018 年自贡市人均牧业生产总值为 2535.95 元，养殖污染排放强度已经跨过了倒“U”型曲线的波峰点，跨越时间在 2006～2007 年。反映出自贡市养殖污染排放强度处在倒“U”型曲线的右半部分，说明在未来一段时间内养殖业发展促进经济增长的同时，养殖粪尿污染排放会随之下降，排放强度会持续降低。

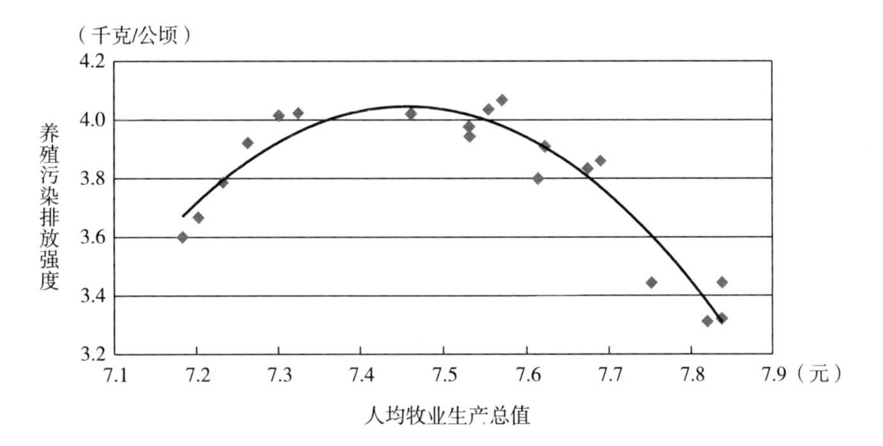

图 5－12　自贡市养殖污染排放强度与牧业经济增长的环境库兹涅茨曲线

（6）泸州市。泸州市养殖污染排放强度与牧业经济增长之间存在倒“U”型曲线的关系，养殖污染排放强度与牧业经济增长之间的函数关系为 $y=-0.891x^2+12.436x-39.122$，方程的拟合优度 $R^2=0.8359$，表明该方程具有 83.59% 的解释力度，如图 5－13 所示。具体来看，当泸州市人均牧业生产总值为 1073.84 元时，养殖污染排放强度处于倒“U”型曲线最大值的拐点，2018 年泸州市人均牧业生产总值为 2179.56 元，养殖污染排放强度已经跨过了倒“U”型曲线的波峰点，跨越时间在 2005～2006 年。反映出泸州市养殖污染排放强度处在倒“U”型曲线的右半部分，说明在未来一段时间内养殖业发展促进经济增长的同时，养殖粪尿污染排放会随之下降，排放强度会持续降低。

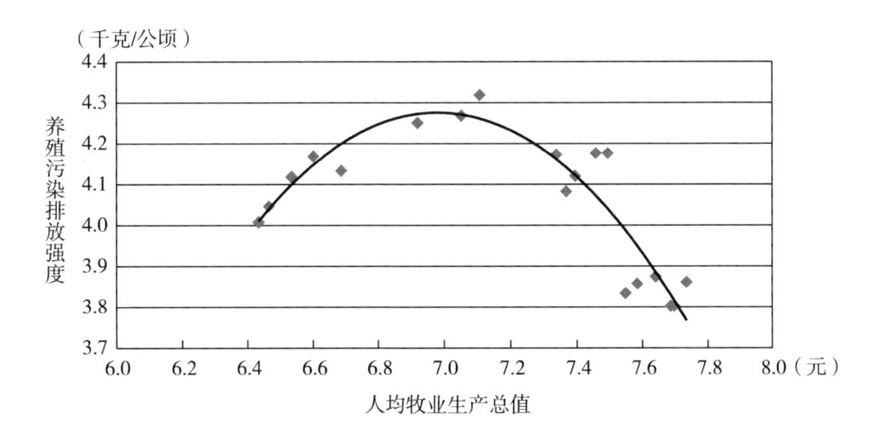

图 5－13　泸州市养殖污染排放强度与牧业经济增长的环境库兹涅茨曲线

5.2 沱江流域农业非点源污染与农业经济增长的脱钩关系

5.2.1 脱钩模型构建

目前，应用最为广泛和成熟的脱钩模型，即 OECD 脱钩模型和 Tapio 脱钩模型，“脱钩”意味着切断环境污染与经济增长之间的密切关系（王凯等，2013）。2002 年，在《由经济增长带来环境压力的脱钩指标》报告中首次提出“脱钩”一词，并建立了一套基于驱动力—环境压力—环境状态—影响等层面的指标体系，由“脱钩指标”来测量脱钩情形，包括脱钩指数、环境压力和经济驱动力三个指标；2005 年，Tapio 采取 David Gray 和 Jillian Anable 的研究方法，用于分析欧洲经济发展与碳排放之间的关系，构造了一个“经济增长—交通运输量—碳排放”因果关系链，包括碳排放增长速率、经济增长速率和脱钩弹性指数三个指标（杨嵘和常烜钰，2012），借鉴其思想，构建如下脱钩模型：

$$\frac{(P_{n+1}-P_n)/P_n}{(F_{n+1}-F_n)/F_n}=E \tag{5-2}$$

其中，n+1 表示第 n+1 年，n 表示第 n 年，P 表示农业非点源污染排放量（化肥施用量、当量猪粪氮排放量），F 表示经济总产值，E 表示脱钩弹性值。Tapio 脱钩指标计算方法综合了总量变化和相对量变化两类指标，降低了 OECD 指数模型期初、期末值选定的高度敏感性或极端性而导致的计算偏差，进一步提高了脱钩关系测度和分析的客观性和准确性。脱钩类型的判断标准如表 5-1 所示。

表 5-1 脱钩类型的判断标准

脱钩弹性值	GDP 变化率	农业非点源污染排放量变化率	脱钩状态	脱钩类型
$E<0.0$	>0	<0	脱钩	强脱钩
$0.0\leqslant E<0.8$	>0	>0	脱钩	弱脱钩
$0.8\leqslant E\leqslant 1.2$	>0	>0	连接	增长连接

续表

脱钩弹性值	GDP 变化率	农业非点源污染排放量变化率	脱钩状态	脱钩类型
E>1.2	>0	>0	负脱钩	增长负脱钩
E<0.0	<0	>0	负脱钩	强负脱钩
0.0≤E<0.8	<0	<0	负脱钩	弱负脱钩
0.8≤E≤1.2	<0	<0	连接	衰退连接
E>1.2	<0	<0	脱钩	衰退脱钩

5.2.2 模型结果分析

5.2.2.1 农业经济增长与化肥施用污染的脱钩关系分析

（1）德阳市。2000~2018年，德阳市农业生产总值增长率多数年份为正，仅2003年、2006年出现负增长现象，总体发展趋势较好。化肥施用量增长率在2000~2010年为正，2011~2018年增长率为负（除2014年外），化肥施用量呈现出先上升后下降的特征。脱钩指数变化起伏很大，分别在2001年和2013年达到历史最大值和最小值。脱钩类型以强脱钩和弱脱钩为主，伴随增长负脱钩和强负脱钩。大致可以分为两个阶段，2000~2010年脱钩类型较为复杂，种植业发展对农业环境造成的压力较大；2011~2018年以强脱钩为主，化肥施用量出现负增长，种植业发展对农业环境造成的压力有所缓解，如表5-2所示。

表5-2 2000~2018年德阳市化肥施用量与农业经济增长的脱钩情况

时间段	农业生产总值变化率	化肥施用量变化率	脱钩指数	脱钩类型
2000~2001年	0.005	0.042	7.831	增长负脱钩
2001~2002年	0.047	0.006	0.134	弱脱钩
2002~2003年	-0.051	0.003	-0.065	强负脱钩
2003~2004年	0.173	0.043	0.249	弱脱钩
2004~2005年	0.056	0.025	0.441	弱脱钩
2005~2006年	-0.012	0.058	-4.761	增长负脱钩
2006~2007年	0.188	0.061	0.326	弱脱钩
2007~2008年	0.079	0.007	0.090	弱脱钩
2008~2009年	0.219	0.064	0.292	弱脱钩

续表

时间段	农业生产总值变化率	化肥施用量变化率	脱钩指数	脱钩类型
2009~2010年	0.051	0.022	0.431	弱脱钩
2010~2011年	0.168	-0.001	0.001	强脱钩
2011~2012年	0.055	-0.012	-0.219	强脱钩
2012~2013年	0.023	-0.023	-0.994	强脱钩
2013~2014年	0.024	0.001	0.009	弱脱钩
2014~2015年	0.114	-0.021	-0.184	强脱钩
2015~2016年	0.042	-0.005	-0.126	强脱钩
2016~2017年	0.088	-0.029	-0.335	强脱钩
2017~2018年	0.295	-0.018	-0.061	强脱钩

（2）成都市。2000~2018年，成都市农业生产总值增长率除2002年外其余年份均为正值，农业生产总值呈现出上升态势，发展趋势较好。化肥施用量增长率波动变化特征显著，多数年份为负，仅在2001年、2004年、2007年、2011年和2016年为正，化肥施用量总体呈现出下降的趋势。脱钩指数变化起伏较大，分别在2002年和2010年达到历史最大值和最小值。脱钩类型以强脱钩为主，伴随衰退脱钩和弱脱钩。总体上成都市种植业发展对农业环境造成的压力较小，如表5-3所示。

表5-3　2000~2018年成都市化肥施用量与农业经济增长的脱钩情况

时间段	农业生产总值变化率	化肥施用量变化率	脱钩指数	脱钩类型
2000~2001年	0.023	0.003	0.124	弱脱钩
2001~2002年	-0.009	-0.035	3.936	衰退脱钩
2002~2003年	0.062	-0.054	-0.874	强脱钩
2003~2004年	0.089	0.022	0.253	弱脱钩
2004~2005年	0.066	-0.016	-0.241	强脱钩
2005~2006年	0.054	-0.023	-0.424	强脱钩
2006~2007年	0.166	0.035	0.210	弱脱钩
2007~2008年	0.100	-0.007	-0.070	强脱钩
2008~2009年	0.092	-0.064	-0.692	强脱钩
2009~2010年	0.062	-0.073	-1.183	强脱钩
2010~2011年	0.132	0.011	0.084	弱脱钩

续表

时间段	农业生产总值变化率	化肥施用量变化率	脱钩指数	脱钩类型
2011～2012年	0.095	-0.088	-0.921	强脱钩
2012～2013年	0.048	-0.013	-0.262	强脱钩
2013～2014年	0.075	-0.001	-0.008	强脱钩
2014～2015年	0.132	-0.009	-0.068	强脱钩
2015～2016年	0.181	0.199	1.101	增长连接
2016～2017年	0.106	-0.012	-0.111	强脱钩
2017～2018年	0.177	-0.014	-0.077	强脱钩

（3）资阳市。2000～2018年，资阳市农业生产总值增长率多数年份为正值，仅2001年、2016年出现负增长现象，总体发展趋势较好。化肥施用量增长率在2001～2012年为正，2013～2018年为负，化肥施用量呈现出先上升后下降的特征。脱钩指数变化起伏很大，分别在2003年和2001年达到历史最大值和最小值。脱钩类型以强脱钩和弱脱钩为主，伴随强负脱钩、增长负脱钩和增长连接几种类型。大致可以分为三个阶段，2000～2006年脱钩类型较为复杂，种植业发展对农业环境造成的压力较大；2007～2012年以弱脱钩为主，种植业发展对农业环境造成的压力有所缓解；2013～2018年以强脱钩为主，种植业发展对农业环境造成的压力较小，如表5-4所示。

表5-4　2000～2018年资阳市化肥施用量与农业经济增长的脱钩情况

时间段	农业生产总值变化率	化肥施用量变化率	脱钩指数	脱钩类型
2000～2001年	-0.009	0.042	-4.486	强负脱钩
2001～2002年	0.027	0.040	1.485	增长负脱钩
2002～2003年	0.001	0.039	40.358	增长负脱钩
2003～2004年	0.158	0.037	0.237	弱脱钩
2004～2005年	0.043	0.036	0.828	增长连接
2005～2006年	0.004	0.035	9.495	增长负脱钩
2006～2007年	0.161	0.034	0.209	弱脱钩
2007～2008年	0.063	0.032	0.512	弱脱钩
2008～2009年	0.247	0.031	0.127	弱脱钩
2009～2010年	0.151	0.013	0.085	弱脱钩

续表

时间段	农业生产总值变化率	化肥施用量变化率	脱钩指数	脱钩类型
2010～2011年	0.137	0.015	0.108	弱脱钩
2011～2012年	0.172	0.020	0.119	弱脱钩
2012～2013年	0.052	-0.007	-0.139	强脱钩
2013～2014年	0.031	-0.011	-0.356	强脱钩
2014～2015年	0.030	-0.011	-0.372	强脱钩
2015～2016年	-0.268	-0.401	1.499	衰退脱钩
2016～2017年	0.079	-0.024	-0.307	强脱钩
2017～2018年	0.067	-0.013	-0.188	强脱钩

（4）内江市。2000～2018年，内江市农业生产总值增长率仅在2001年出现负增长，其余年份均为正值，农业生产总值呈现出上升态势，发展趋势较好。化肥施用量增长率波动下降趋势显著，但仅有2017年和2018年两年的增长速率为负，其余年份均为正，化肥施用量呈现出先上升后下降的特征。脱钩指数变化起伏很大，分别在2003年和2001年达到历史最大值和最小值。脱钩类型以弱脱钩为主，伴随强脱钩、增长负脱钩和强负脱钩几种类型。总体上看，内江市种植业发展对农业环境造成的压力较大，这种情况在2017年才有所缓解，如表5-5所示。

表5-5　2000～2018年内江市化肥施用量与农业经济增长的脱钩情况

时间段	农业生产总值变化率	化肥施用量变化率	脱钩指数	脱钩类型
2000～2001年	-0.015	0.015	-0.945	强负脱钩
2001～2002年	0.045	0.014	0.319	弱脱钩
2002～2003年	0.002	0.014	9.054	增长负脱钩
2003～2004年	0.258	0.014	0.054	弱脱钩
2004～2005年	0.065	0.014	0.212	弱脱钩
2005～2006年	0.005	0.014	2.531	增长负脱钩
2006～2007年	0.236	0.013	0.057	弱脱钩
2007～2008年	0.180	0.013	0.074	弱脱钩
2008～2009年	0.280	0.013	0.047	弱脱钩
2009～2010年	0.102	0.019	0.189	弱脱钩
2010～2011年	0.184	0.013	0.070	弱脱钩

续表

时间段	农业生产总值变化率	化肥施用量变化率	脱钩指数	脱钩类型
2011~2012年	0.206	0.015	0.075	弱脱钩
2012~2013年	0.090	0.023	0.258	弱脱钩
2013~2014年	0.047	0.014	0.302	弱脱钩
2014~2015年	0.092	0.015	0.162	弱脱钩
2015~2016年	0.055	0.006	0.101	弱脱钩
2016~2017年	0.084	-0.070	-0.835	强脱钩
2017~2018年	0.069	-0.015	-0.216	强脱钩

（5）自贡市。2000~2018年，自贡市农业生产总值增长率均为正值，农业生产总值呈现出不断上升态势。化肥施用量增长率在2000~2015年为正值，2016年以后为负值，化肥施用量呈现出先上升后下降的特征。脱钩指数变化起伏不大，分别在2009年和2017年达到历史最大值和最小值。脱钩类型以弱脱钩为主，伴随强脱钩和增长负脱钩两种类型。总体上看，自贡市种植业发展对农业环境造成的压力较大，这种情况直到2016年后才有所缓解，如表5-6所示。

表5-6 2000~2018年自贡市化肥施用量与农业经济增长的脱钩情况

时间段	农业生产总值变化率	化肥施用量变化率	脱钩指数	脱钩类型
2000~2001年	0.017	0.010	0.607	弱脱钩
2001~2002年	0.016	0.012	0.611	弱脱钩
2002~2003年	0.016	0.020	0.615	弱脱钩
2003~2004年	0.013	0.010	0.618	弱脱钩
2004~2005年	0.016	0.030	0.622	弱脱钩
2005~2006年	0.027	0.010	0.350	弱脱钩
2006~2007年	0.191	0.011	0.050	弱脱钩
2007~2008年	0.094	0.009	0.101	弱脱钩
2008~2009年	0.005	0.009	1.940	增长负脱钩
2009~2010年	0.044	0.029	0.653	弱脱钩
2010~2011年	0.174	0.018	0.101	弱脱钩
2011~2012年	0.126	0.031	0.243	弱脱钩
2012~2013年	0.113	0.026	0.231	弱脱钩

续表

时间段	农业生产总值变化率	化肥施用量变化率	脱钩指数	脱钩类型
2013~2014 年	0.046	0.022	0.486	弱脱钩
2014~2015 年	0.084	0.032	0.387	弱脱钩
2015~2016 年	0.058	-0.013	-0.225	强脱钩
2016~2017 年	0.087	-0.043	-0.492	强脱钩
2017~2018 年	0.085	-0.016	-0.193	强脱钩

（6）泸州市。2000~2018 年，泸州市农业生产总值除 2001 年为负值外，其余年份增长率均为正值，农业生产总值呈现出不断上升态势。化肥施用量增长率在 2000~2015 年为正值（2014 年除外），2016 年以后为负值，化肥施用量呈现出先上升后下降的特征。脱钩指数变化起伏不大，分别在 2003 年和 2001 年达到历史最大值和最小值。脱钩类型以弱脱钩为主，伴随强脱钩、增长负脱钩和强负脱钩几种类型。总体上看，泸州市种植业发展对农业环境造成的压力较大，这种情况直到 2016 年后才有所缓解，如表 5-7 所示。

表 5-7　2000~2018 年泸州市化肥施用量与农业经济增长的脱钩情况

时间段	农业生产总值变化率	化肥施用量变化率	脱钩指数	脱钩类型
2000~2001 年	-0.009	0.029	-3.047	强负脱钩
2001~2002 年	0.017	0.028	1.636	增长负脱钩
2002~2003 年	0.016	0.027	1.720	增长负脱钩
2003~2004 年	0.243	0.027	0.109	弱脱钩
2004~2005 年	0.059	0.026	0.441	弱脱钩
2005~2006 年	0.050	0.025	0.506	弱脱钩
2006~2007 年	0.110	0.025	0.224	弱脱钩
2007~2008 年	0.351	0.020	0.056	弱脱钩
2008~2009 年	0.083	0.013	0.158	弱脱钩
2009~2010 年	0.066	0.047	0.712	弱脱钩
2010~2011 年	0.184	0.011	0.057	弱脱钩
2011~2012 年	0.192	0.026	0.134	弱脱钩
2012~2013 年	0.095	0.045	0.476	弱脱钩
2013~2014 年	0.042	-0.002	-0.050	强脱钩

续表

时间段	农业生产总值变化率	化肥施用量变化率	脱钩指数	脱钩类型
2014～2015 年	0. 076	0. 013	0. 174	弱脱钩
2015～2016 年	0. 033	－0. 019	－0. 590	强脱钩
2016～2017 年	0. 054	－0. 019	－0. 354	强脱钩
2017～2018 年	0. 068	－0. 010	－0. 149	强脱钩

5. 2. 2. 2　牧业经济增长与牲畜粪尿污染的脱钩关系分析

（1）德阳市。2000～2018 年，德阳市牧业生产总值增长率多数年份为正，仅在 2006 年、2009 年、2016 年和 2017 年出现负增长现象，总体发展趋势较好。牲畜粪尿污染排放增长率波动变化特征显著，分别在 2001 年、2008 年、2012 年、2013 年、2015 年和 2017 年出现负增长现象。脱钩指数变化起伏很大，分别在 2007 年和 2006 年达到历史最大值和最小值，脱钩类型以强脱钩和弱脱钩为主，伴随增长负脱钩、增长连接、衰退脱钩和增长负脱钩几种类型。大致可以分为两个阶段，2001～2009 年脱钩类型较为复杂，养殖业发展对农业环境造成的压力较大；2010～2018 年以强脱钩和弱脱钩为主，养殖业发展对农业环境造成的压力有所缓解，如表 5－8 所示。

表 5－8　2000～2018 年德阳市养殖污染排放与牧业经济增长的脱钩情况

时间段	牧业生产总值变化率	养殖污染排放变化率	脱钩指数	脱钩类型
2000～2001 年	0. 081	－0. 028	－0. 342	强脱钩
2001～2002 年	0. 072	0. 106	1. 476	增长负脱钩
2002～2003 年	0. 083	0. 099	1. 195	增长负脱钩
2003～2004 年	0. 215	0. 079	0. 367	弱脱钩
2004～2005 年	0. 093	0. 076	0. 822	增长连接
2005～2006 年	－0. 032	0. 067	－2. 083	衰退脱钩
2006～2007 年	0. 010	0. 082	7. 830	增长负脱钩
2007～2008 年	0. 140	－0. 219	－1. 571	强脱钩
2008～2009 年	－0. 141	0. 058	－0. 415	强负脱钩
2009～2010 年	0. 234	0. 061	0. 260	弱脱钩
2010～2011 年	0. 275	0. 001	0. 002	弱脱钩
2011～2012 年	0. 299	－0. 258	－0. 863	强脱钩

续表

时间段	牧业生产总值变化率	养殖污染排放变化率	脱钩指数	脱钩类型
2012～2013 年	0.121	-0.082	-0.677	强脱钩
2013～2014 年	0.096	0.070	0.722	弱脱钩
2014～2015 年	0.104	-0.001	-0.005	强脱钩
2015～2016 年	-0.005	0.000	-0.050	强脱钩
2016～2017 年	-0.017	-0.096	5.510	衰退脱钩
2017～2018 年	0.330	0.001	0.001	弱脱钩

（2）成都市。2000～2018 年，成都市牧业生产总值增长率多数年份为正值，仅 2009 年、2013 年、2017 年和 2018 年出现负增长现象，总体发展趋势较好。牲畜粪尿污染排放增长率在 2001～2006 年为正值，2007～2018 年呈现出负增长态势（2009 年和 2016 年除外）。脱钩指数变化起伏很大，分别在 2017 年和 2015 年达到历史最大值和最小值。脱钩类型以强脱钩和弱脱钩为主，伴随弱负脱钩、衰退脱钩。总体上看，牧业生产总值增长率多数年份大于牲畜粪尿污染排放增长率，养殖业发展对农业环境造成的压力逐渐减小。成都市平原地区多为城市主城区，人口规模大，处在养殖业产业链的中下游段，附加值高的畜产品为其带来了更快的牧业经济发展，发达的农业生产技术降低了养殖污染排放增长速度，养殖业对环境造成的影响相对其他市较小。如表 5-9 所示。

表 5-9　2000～2018 年成都市养殖污染排放与牧业经济增长的脱钩情况

时间段	牧业生产总值变化率	养殖污染排放变化率	脱钩指数	脱钩类型
2000～2001 年	0.158	0.041	0.260	弱脱钩
2001～2002 年	0.122	0.011	0.088	弱脱钩
2002～2003 年	0.090	0.018	0.199	弱脱钩
2003～2004 年	0.270	0.047	0.173	弱脱钩
2004～2005 年	0.105	0.049	0.461	弱脱钩
2005～2006 年	0.071	0.025	0.355	弱脱钩
2006～2007 年	0.301	-0.078	-0.258	强脱钩
2007～2008 年	0.081	-0.001	-0.013	强脱钩
2008～2009 年	-0.089	0.003	-0.036	强脱钩
2009～2010 年	0.206	-0.004	-0.021	强脱钩
2010～2011 年	0.053	-0.027	-0.513	强脱钩

续表

时间段	牧业生产总值变化率	养殖污染排放变化率	脱钩指数	脱钩类型
2011～2012 年	0.009	-0.133	-14.170	强脱钩
2012～2013 年	-0.039	-0.016	0.405	弱负脱钩
2013～2014 年	0.008	-0.044	-5.326	强脱钩
2014～2015 年	0.002	-0.044	-24.095	强脱钩
2015～2016 年	0.399	0.204	0.512	弱脱钩
2016～2017 年	-0.050	-0.164	3.254	衰退脱钩
2017～2018 年	-0.520	-0.070	0.135	弱负脱钩

（3）资阳市。2000～2018 年，资阳市牧业生产总值增长率多数年份为正，仅在 2009 年、2016 年、2017 年和 2018 年出现负增长现象，总体发展趋势较好。牲畜粪尿污染排放增长率在 2001～2012 年为正（2006 年和 2009 年除外），2013～2018 年呈现出负增长特征（2016 年除外）。脱钩指数变化起伏很大，分别在 2018 年和 2015 年达到历史最大值和最小值，脱钩类型以弱脱钩和强脱钩为主，伴随弱负脱钩、强负脱钩和衰退脱钩几种类型。总体上可分为两个阶段，2000～2012 年以弱脱钩为主，养殖业发展对农业环境造成的压力逐渐减小；2013～2018 年脱钩类型较为复杂，养殖业发展受到阻碍，对农业环境的压力也减小，尤其是简阳市划归成都市后，对资阳市养殖业生产总值的持续增长造成了影响，如表 5－10 所示。

表 5－10　2000～2018 年资阳市养殖污染排放与牧业经济增长的脱钩情况

时间段	牧业生产总值变化率	养殖污染排放变化率	脱钩指数	脱钩类型
2000～2001 年	0.127	0.042	0.329	弱脱钩
2001～2002 年	0.113	0.034	0.303	弱脱钩
2002～2003 年	0.191	0.090	0.468	弱脱钩
2003～2004 年	0.334	0.063	0.187	弱脱钩
2004～2005 年	0.108	0.038	0.350	弱脱钩
2005～2006 年	0.121	-0.032	-0.267	强脱钩
2006～2007 年	0.302	0.020	0.066	弱脱钩
2007～2008 年	0.272	0.020	0.073	弱脱钩
2008～2009 年	-0.335	-0.096	0.287	弱负脱钩
2009～2010 年	0.239	0.028	0.118	弱脱钩

续表

时间段	牧业生产总值变化率	养殖污染排放变化率	脱钩指数	脱钩类型
2010～2011 年	0. 371	0. 008	0. 022	弱脱钩
2011～2012 年	0. 150	0. 010	0. 068	弱脱钩
2012～2013 年	0. 085	－0. 048	－0. 568	强脱钩
2013～2014 年	0. 051	－0. 073	－1. 422	强脱钩
2014～2015 年	0. 055	－0. 173	－3. 169	强脱钩
2015～2016 年	－0. 027	0. 027	－0. 973	强负脱钩
2016～2017 年	－0. 027	－0. 164	5. 991	衰退脱钩
2017～2018 年	－0. 006	－0. 053	9. 610	衰退脱钩

（4）内江市。2000～2018 年，内江市牧业生产总值多数年份为正值，仅在 2006 年、2009 年、2017 年和 2018 年出现负增长现象，总体发展趋势较好。牲畜粪尿污染排放增长率波动起伏较大，多数年份表现出正增长态势，在 2005 年、2007 年、2009 年、2013 年、2016 年和 2017 年表现出负增长态势。脱钩指数变化起伏不大，分别在 2017 年和 2013 年达到历史最大值和最小值，脱钩类型以弱脱钩为主，伴随强脱钩、强负脱钩、衰退脱钩和衰退连接多种类型。总体上看，养殖业发展对农业环境造成的压力有减小的趋势，如表 5－11 所示。

表 5－11　2000～2018 年内江市养殖污染排放与牧业经济增长的脱钩情况

时间段	牧业生产总值变化率	养殖污染排放变化率	脱钩指数	脱钩类型
2000～2001 年	0. 156	0. 025	0. 161	弱脱钩
2001～2002 年	0. 126	0. 033	0. 259	弱脱钩
2002～2003 年	0. 111	0. 023	0. 210	弱脱钩
2003～2004 年	0. 345	0. 034	0. 099	弱脱钩
2004～2005 年	0. 104	－0. 004	－0. 036	强脱钩
2005～2006 年	－0. 061	0. 070	－1. 163	强负脱钩
2006～2007 年	0. 436	－0. 047	－0. 108	强脱钩
2007～2008 年	0. 209	0. 097	0. 464	弱脱钩
2008～2009 年	－0. 103	－0. 004	0. 041	弱脱钩
2009～2010 年	0. 139	0. 025	0. 182	弱脱钩
2010～2011 年	0. 382	0. 025	0. 065	弱脱钩

续表

时间段	牧业生产总值变化率	养殖污染排放变化率	脱钩指数	脱钩类型
2011～2012 年	0. 129	0. 014	0. 113	弱脱钩
2012～2013 年	0. 091	-0. 286	-3. 153	强脱钩
2013～2014 年	0. 026	0. 024	0. 911	衰退连接
2014～2015 年	0. 050	0. 009	0. 170	弱脱钩
2015～2016 年	0. 095	-0. 008	-0. 083	强脱钩
2016～2017 年	-0. 093	-0. 176	1. 901	衰退脱钩
2017～2018 年	-0. 005	0. 008	-1. 537	强负脱钩

（5）自贡市。2000～2018 年，自贡市牧业生产总值多数年份为正值，仅 2008 年、2009 年、2017 年出现负增长现象，总体发展趋势较好。牲畜粪尿污染排放多数年份表现出正增长态势，在 2006 年、2007 年、2012 年、2017 年表现出负增长态势。脱钩指数变化起伏不大，分别在 2001 年和 2012 年达到历史最大值和最小值。脱钩类型以增长负脱钩和弱脱钩为主，伴随强脱钩、强负脱钩和衰退脱钩几种类型。总体上看，牧业经济增长率多数年份小于牲畜粪尿污染排放增长率，养殖业发展对农业环境的压力较大，如表 5－12 所示。

表 5－12　2000～2018 年自贡市养殖污染排放与牧业经济增长的脱钩情况

时间段	牧业生产总值变化率	养殖污染排放变化率	脱钩指数	脱钩类型
2000～2001 年	0. 020	0. 071	3. 609	增长负脱钩
2001～2002 年	0. 030	0. 072	2. 368	增长负脱钩
2002～2003 年	0. 032	0. 070	2. 176	增长负脱钩
2003～2004 年	0. 040	0. 093	2. 333	增长负脱钩
2004～2005 年	0. 029	0. 012	0. 403	弱脱钩
2005～2006 年	0. 240	-0. 006	-0. 023	强脱钩
2006～2007 年	0. 103	-0. 034	-0. 330	强脱钩
2007～2008 年	-0. 078	0. 070	-0. 891	强负脱钩
2008～2009 年	-0. 059	0. 045	-0. 760	强负脱钩
2009～2010 年	0. 087	0. 045	0. 513	弱脱钩
2010～2011 年	0. 021	0. 027	1. 290	增长负脱钩
2011～2012 年	0. 049	-0. 225	-4. 644	强脱钩

续表

时间段	牧业生产总值变化率	养殖污染排放变化率	脱钩指数	脱钩类型
2012～2013 年	0.066	0.042	0.633	弱脱钩
2013～2014 年	0.017	0.030	1.751	增长负脱钩
2014～2015 年	0.055	0.030	0.543	弱脱钩
2015～2016 年	0.091	0.001	0.016	弱脱钩
2016～2017 年	-0.029	-0.125	4.378	衰退脱钩
2017～2018 年	0.014	0.008	0.594	弱脱钩

（6）泸州市。2000～2018 年，泸州市牧业生产总值多数年份为正值，仅 2010 年、2017 年和 2018 年出现负增长现象，总体发展趋势较好。牲畜粪尿污染排放多数年份表现出正增长态势，在 2004 年、2008 年、2013 年、2016 年、2017 年表现出负增长态势。脱钩指数变化起伏不大，分别在 2017 年和 2013 年达到历史最大值和最小值。脱钩类型以弱脱钩为主，伴随强脱钩、强负脱钩、衰退脱钩、增长连接和弱负脱钩多种类型。总体上看，养殖业发展对农业环境造成的压力有减小趋势，如表 5-13 所示。

表 5-13　2000～2018 年泸州市养殖污染排放与牧业经济增长的脱钩情况

时间段	牧业生产总值变化率	养殖污染排放变化率	脱钩指数	脱钩类型
2000～2001 年	0.033	0.039	1.186	增长连接
2001～2002 年	0.075	0.031	0.420	弱脱钩
2002～2003 年	0.074	0.033	0.447	弱脱钩
2003～2004 年	0.105	-0.045	-0.432	强脱钩
2004～2005 年	0.275	0.123	0.445	弱脱钩
2005～2006 年	0.152	0.018	0.117	弱脱钩
2006～2007 年	0.068	0.053	0.770	弱脱钩
2007～2008 年	0.297	-0.207	-0.696	强脱钩
2008～2009 年	0.043	0.039	0.897	增长连接
2009～2010 年	-0.045	0.055	-1.201	强负脱钩
2010～2011 年	0.129	0.004	0.032	弱脱钩
2011～2012 年	0.041	0.003	0.075	弱脱钩
2012～2013 年	0.063	-0.288	-4.568	强脱钩

续表

时间段	牧业生产总值变化率	养殖污染排放变化率	脱钩指数	脱钩类型
2013~2014年	0.037	0.024	0.652	弱脱钩
2014~2015年	0.052	0.016	0.302	弱脱钩
2015~2016年	0.105	-0.006	-0.055	强脱钩
2016~2017年	-0.034	-0.063	1.842	衰退脱钩
2017~2018年	-0.011	0.001	0.006	弱负脱钩

5.3　本章小结

本章运用环境库兹涅茨曲线对2000~2018年沱江流域主要城市化肥施用强度和养殖污染排放强度与农业经济增长之间的关系进行验证，并利用Tapio脱钩模型对化肥施用量与畜禽养殖污染排放量（当量猪粪氮排放量）与农业经济增长的脱钩关系进行细致划分，得到如下结论：

第一，沱江流域主要城市化肥施用强度与农业生产总值之间存在倒“U”型曲线的关系，且均已跨过了倒“U”型曲线的波峰点，其中，德阳市、成都市、资阳市、内江市和自贡市在2008~2010年跨越，而泸州市在2006~2017年才实现跨越；沱江流域主要城市牲畜粪尿污染排放强度与牧业经济增长存在倒“U”型曲线的关系，且均已跨过了倒“U”型曲线的波峰点，其中，成都市、资阳市、内江市、自贡市在2005~2007年跨越，德阳市在2009~2010年才实现跨越。

第二，沱江流域主要城市化肥施用量与农业生产总值之间的脱钩关系以弱脱钩和强脱钩两种类型为主，实现了由弱脱钩向强脱钩的转变，表明种植业对农业环境造成的压力不断下降，但是出现稳定强脱钩的时间存在较大的差异，德阳市出现在2010~2011年，成都市出现在2007~2008年，资阳市出现在2012~2013年，内江市出现在2016~2017年，自贡市和泸州市出现在2015~2016年；沱江流域主要城市养殖粪污排放量与牧业生产总值之间的脱钩关系以弱脱钩和强脱钩两种类型为主，由于养殖业发展受到非洲猪瘟及环保禁养规制的影响，养殖粪污排放量与牧业生产总值之间脱钩关系变化较快，并未出现稳定的强脱钩状态，但近年养殖规模化发展速度快，养殖废弃物资源化利用率不断提高，养殖业发展对环境的压力有所减轻。

第6章　沱江流域农业非点源污染治理过程中的农户行为分析

第4章和第5章从宏观层面探讨了沱江流域农业非点源污染的环境风险及其与经济发展的关系。农户是农业非点源污染的实际产生者和实际治理者，在市场经济中，农业生产经营主体各自承担市场盈亏和风险。作为有限理性“经济人”，在生产经营的过程中以追求成本最小化为原则，其生产生活决策行为对农业非点源污染治理效果将产生直接影响。在农业环境产权界限不明晰的情况下，农户个人造成的环境损失远远小于社会平均水平，最终导致农户竞相过度消耗环境资源，造成“公地悲剧”。本章基于实地调研数据，从农户绿色化肥施用行为、养殖废弃物资源化利用行为、农村垃圾分类行为、农村生活污水治理行为四个方面分析沱江流域农业非点源污染治理过程中的农户行为。

6.1　调查问卷设计及统计分析

6.1.1　调查目的

通过大量问卷调查，了解沱江流域农户对环境污染的认知、污染行为及治理行为现状，把握农户农业非点源污染及治理行为特征，分析农户行为影响因素。我们对研究区进行问卷调查，主要调查农户化肥施用行为、养殖废弃物处理行为、生活垃圾处理行为和生活污水处理行为。

6.1.2　问卷内容

调查问卷的主要内容有：①农户个人及家庭基本情况，例如性别、年龄、文

化水平；家庭人口数量、耕地面积、年收入等。②农户生产经营情况，例如生产目的、从事农业的时间、种植结构、养殖结构等。③生产生活过程废弃物的处理情况，例如养殖过程废弃物处理的基础设施、养殖过程的粪便和污水处理、生活垃圾处理及污水处理等。④农业非点源污染治理的意愿及认知情况，例如农户对自身生产生活造成环境污染的认识、对环境污染的关心程度、绿色化肥施用行为、养殖废弃物资源化利用行为、垃圾分类行为等。调查问卷经历设计、讨论、修改、完善等环节，历时半个月，形成最终问卷。问卷包括单选题、多选题和填空题三种题型。

6.1.3　分层抽样

考虑到农户文化水平较低，对于问卷内容的理解可能存在一定难度，所以本次调研主要通过线下来了解农户行为。为了保证调研的科学性和减小抽样误差，首先采用分层抽样的方式，将总体样本区按照其地域特点划分成了几个层次；其次采用简单随机抽样的方式将分层好的几个层次进行进一步的筛选；最后确定调查样本。确定好调查样本后，考虑到人力因素和问卷回收效果，主要采取入户调研或者拦截式访谈，并以问卷调查法进行，记录所需调查的数据，保证调研的有效性和可靠性。

运用分层抽样把总体样本大体划分为三个层次，分别为上游地区（德阳市、成都市的部分区县）、中游地区（成都市的部分区县、资阳市、眉山市仁寿县、内江市部分区县）、下游地区（内江市部分区县、自贡市、泸州市部分区县）。

6.1.4　调查方式

在进行抽样调查前，根据样本方案，从抽样框中抽取一小部分进行预调查。首先通过选取与被调查者特征相似的样本进行调查。根据调查过程中出现的问题发现问卷的不足，包括问卷内容是否能被调查者理解，是否清楚表达了本次调查的目的，是否有利于问卷结果的获取等。对抽样框内的地区居民发放50份问卷，根据收回的问卷数据进行检验分析，研究问卷的信度和效度，并对检查结果较差的题项进行修改。预调查后，进一步修改完善问卷，并对调查人员进行再次培训，对预调研中遇到的问题进行解决，然后确定最终调查区域样本和调查问卷。

6.1.5　问卷发放与回收

2018年10月至2019年12月，调查团队分成三个小组先后分别对沱江流域上游地区、中游地区、下游地区进行调研。本次调查共发放调查问卷823份，收回788份，回收率为95.75%。由于问卷信息量较大，对于少量填写不完整但所填写部分逻辑性基本合理的问卷予以保留，剔除信息不符合逻辑和信息缺失量较大的问卷，得到可用的有效问卷780份，占回收问卷总数的94.78%，样本量满足农户行为调查设计要求，如表6－1所示。问卷数据统计处理选择统计软件Excel进行。

表6－1　调查样本所在区域统计结果　　单位：份，%

分层	有效样本量	所占比重
上游地区	234	30.00
中游地区	336	43.08
下游地区	210	26.92
总计	780	100.00

资料来源：根据调查问卷统计所得。

6.1.6　基本信息统计

6.1.6.1　农户性别以男性为主

如表6－2所示，在调查样本中，男性有485人，占样本总量的62.17%，女性有295人，占样本总量的37.83%。我国农业生产的决策行为主体主要是男性，家庭户主也多为男性，所以农户应该以男性为主，符合实际情况。

表6－2　农户性别　　单位：人，%

性别	样本量	占比
男	485	62.17
女	295	37.83
总计	780	100.00

资料来源：根据调查问卷整理计算所得。

6.1.6.2　农户年龄以中老年为主

如表6－3所示，在调查样本中，农户的平均年龄为45.73岁，且40岁以上的农户占绝大多数，累计占样本总量的69.41%，20～40岁的农户相对较少，即年轻的农户较少，这也基本符合目前农村的基本情况，农村的年轻人大多外出打工，农村劳动力中多为年龄较大的中老年人。

表6-3　农户年龄　　单位：人，%

年龄	样本量	占比
20~30岁	64	8.22
31~40岁	174	22.37
41~50岁	278	35.62
50岁以上	264	33.79
总计	780	100.00

资料来源：根据调查问卷整理计算所得。

6.1.6.3　农户文化水平较低

如表6-4所示，在调查样本中，农户的受教育程度主要以初中及以下水平为主，累计占比高达82.19%，高中以上文化水平的农户较少，仅占17.81%，这部分农户中，有一部分是返乡创业的青年和大学生。可见，当地农户的文化水平较低。农户文化水平低是我国农村目前普遍存在的现象，这在很大程度上会影响农户对事物的认知，进而影响农业生产经营活动的决策行为。

表6-4　农户文化水平　　单位：人，%

学历	样本量	占比
小学	456	58.45
初中	185	23.74
高中	68	8.68
大专	64	8.22
本科及以上	7	0.91
总计	780	100.00

资料来源：根据调查问卷整理计算所得。

6.1.6.4　家庭务农人数较少

如表6-5所示，在调查样本中，务农人数为2人及以下的家庭较多，累计占样本总量的55.90%，务农人数为3人、4人的家庭占样本总量的比重分别为19.69%、14.96%，务农人数在5人及以上的家庭占比最小，为9.46%。总体上看，目前沱江流域农村务农人数较少，多数家庭子女外出打工，家中剩下老人，这是目前我国农村的普遍现象。

表6-5 务农人数 单位：人，%

务农人数	样本量	占比
1人	86	11.02
2人	350	44.88
3人	154	19.69
4人	117	14.96
5人及以上	74	9.46
总计	780	100.00

资料来源：根据调查问卷整理计算所得。

6.2 农户环境认知分析

6.2.1 居住环境质量感知

如表6-6所示，在调查样本中，大部分人认为自己的居住环境一般，占样本总量的比重为56.15%，认为自己的居住环境较差与很好的农户相当，占样本总量的比重分别为10.77%、8.46%，仍然有2.31%的农户认为自己的居住环境差。总体上看，农户对居住环境的评价一般，一方面反映了农村居民对于更好居住条件的追求，另一方面反映了现在农村环境存在一些需要提升的地方。

表6-6 居住环境质量感知 单位：人，%

居住环境质量感知	样本量	占比
很好	66	8.46
较好	174	22.31
一般	438	56.15
较差	84	10.77
差	18	2.31
总计	780	100.00

资料来源：根据调查问卷整理计算所得。

6.2.2 环境忧虑感

如表6-7所示，在调查样本中，有环境忧虑感的农户占样本总量的比重高达86.79%，仅有13.21%的农户无环境忧虑感。由此可知，大多数农户对于自己居住环境有更高层次的需求以及对环境治理有更高的期待。随着经济的发展和社会水平的提高，人们的基本诉求也在发生深刻变化，40年前人们要“温饱”，现在更注重“环保”；40年前人们在意“生存”，现在更追求“生活”和“生态”。虽然我国生态文明建设已进入提供更多优质生态产品以满足人民日益增长的优美生态环境需要的攻坚期，也到了有条件、有能力解决生态环境突出问题的窗口期，但是目前农村环境仍然还存在很多问题，政府对于环境公共物品的供给远远不能满足农户的需求，这些原因可能会增加农户的环境忧虑感。

表6-7 农户环境忧虑感 单位：人，%

环境忧虑感	样本量	占比
有忧虑感	677	86.79
无忧虑感	123	13.21
总计	780	100.00

资料来源：根据调查问卷整理计算所得。

6.2.3 环境政策了解度

如图6-1所示，在调查样本中，农户对环境政策的知晓程度普遍较低，了解一些和不了解环境政策的农户累计占样本总量的比重高达92.73%，较了解和很了解的累计占样本总量的比重仅有7.28%。由此可知，农户对于环境政策的了解程度不高。

如图6-2所示，在调查样本中，农户对于环境政策了解程度不高，一方面可能是村政府的宣传不到位，调查发现，43.41%的农户不知道村政府是否宣传环境政策，还有7.75%的农户认为村政府未对环境政策进行宣传。另一方面，农户自身文化水平不高、理解能力弱也是主要原因，主动学习环境政策的积极性较差。

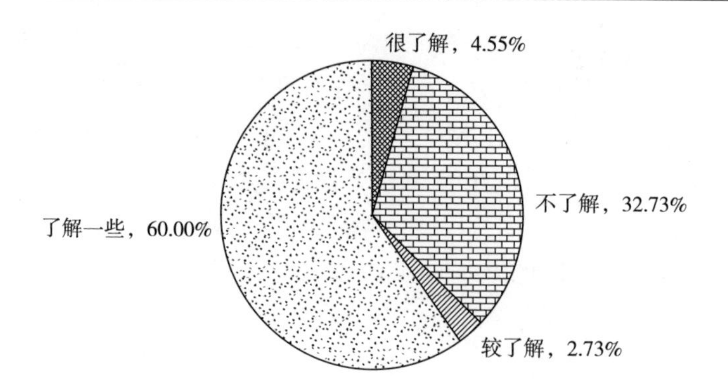

图 6－1　农户对环境政策的了解度

资料来源：实地调研统计计算所得。

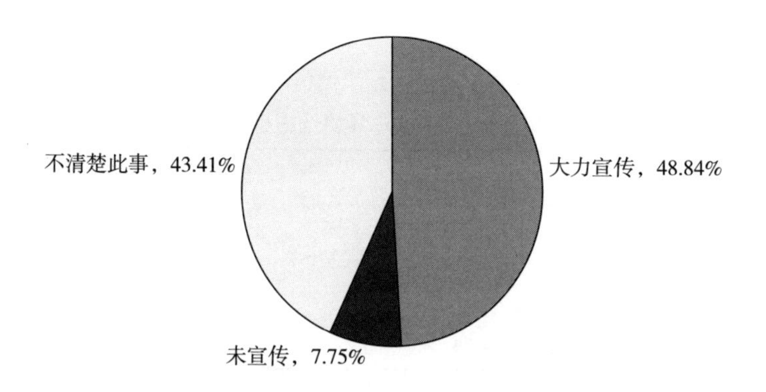

图 6－2　村政府环境整治宣传情况

资料来源：实地调研统计计算所得。

6.3　农户化肥施用行为分析

6.3.1　农户种植情况

6.3.1.1　农户种植目的多样

如表 6－8 所示，在调查样本中，72.44% 的农户种植目的是自己吃，也有相当部分农户种植是为了增加收入，占样本总量的 54.10%，还有少部分农户是政

府政策支持和其他原因，分别占样本总量的2.18%、4.87%。调查结果反映出，沱江流域农户种植不仅自给自足，也是增加农户收入的主要来源之一。

表6-8 农户种植目的 单位：人，%

种植目的	样本量	占比
自己吃	565	72.44
增加收入	422	54.10
政策支持	17	2.18
其他	38	4.87

资料来源：根据调查问卷整理计算所得。

6.3.1.2 农户种植规模较小

耕地是农民生产的重要因素，沱江流域人口规模大，地形以丘陵为主，耕地数量有限，人均占有量较少，被调查农户的种植规模较小，差异不大，种植规模介于0.2~2亩，平均种植规模为0.8亩，如表6-9所示。多数农民水田就仅种植一点水稻，旱地就种植一点蔬菜、红薯和油菜。原因在于城市化进程较快，大多数农民都进入城市务工，农村留下大量老人和儿童，老人种植一点农作物自给自足，种植规模均较小，大量耕地被撂荒。

表6-9 农户种植规模 单位：人，%

种植规模	样本量	占比
0~0.2亩	155	19.87
0.21~0.5亩	132	16.92
0.51~0.8亩	335	42.95
0.81~1.2亩	118	15.13
1.21亩以上	40	5.13

资料来源：根据调查问卷整理计算所得。

6.3.1.3 农户种植结构多元化，以蔬菜、水稻、红薯为主

如表6-10所示，农户种植的农作物以蔬菜、水稻、红薯为主，占样本总量的比重分别为72.44%、53.46%、44.36%。此外，油菜和玉米的种植比例较高，占样本总量的比重分别为28.46%、32.82%。其余农作物种植比例相对较低。

表6-10　农户种植结构　　单位：人，%

种植结构	样本量	占比
蔬菜	565	72.44
油料（油菜籽）	222	28.46
水稻	417	53.46
玉米	256	32.82
小麦	32	4.10
大豆	48	6.15
红薯	346	44.36
其他	134	17.18

资料来源：根据调查问卷整理计算所得。

6.3.2　农户化肥施用行为

6.3.2.1　农户化肥施肥量呈减少的趋势

如表6-11所示，在调查样本中，有42.82%的农户认为化肥施用量与前几年相比有所减少，33.33%的农户认为化肥施用量没有变化，仅有16.03%的农户认为在增加。近年来，党中央提出的低碳发展、绿色发展、循环发展、生态文明、绿水青山就是金山银山等理念成为推动农业绿色发展的指导思想，并在2015年出台了《到2020年化肥使用量零增长行动方案》，在一定程度上提高了农民绿色发展的意识，尤其自给的农产品化肥施用量均较少。这些农户可能出于自家人身体健康的考虑而减少化肥的施用。

表6-11　农户化肥施用量　　单位：人，%

化肥施用量	样本量	占比
比规定的多	125	16.03
差不多	260	33.33
比规定的少	334	42.82
不清楚	61	7.82

资料来源：根据调查问卷整理计算所得。

6.3.2.2　农户化肥施用的决策依据多样

如表6－12所示，第一，农户化肥施用依据来源较多，包括耕地质量、施肥效果、化肥价格、农产品价格、个人施肥习惯、施用说明、技术人员指导等，但主要还是取决于施肥效果，81.03%的农户会根据施肥效果进行施肥，表明农户对化肥施用的依赖性和期望性较高，但是任何生产要素都存在投入报酬递减规律，农户的过量施肥必定导致多余的化肥流失，造成环境污染；第二，取决于耕地质量和施用说明，占样本总量的比重分别为43.85%、45.64%；第三，取决于农产品价格，化肥对于提高农作物产量有重要作用，如果农作物市场价格较好，为了增加收益，就必须要提高农作物的产量，驱使农户增加施肥量；第四，取决于个人施肥习惯和技术人员指导，占样本总量的比重分别为17.18%、15.51%。有趣的是根据化肥价格施肥的农户较少，也就是说，化肥价格的增加或下降对农户施肥量的影响较小。

表6－12　农户化肥施用的决策依据　　单位：人，%

决策依据	样本量	占比
耕地质量	342	43.85
施肥效果	632	81.03
化肥价格	56	7.18
农产品价格	256	32.82
个人施肥习惯	134	17.18
施用说明	356	45.64
技术人员指导	121	15.51
其他	32	4.10

资料来源：根据调查问卷整理计算所得。

6.3.2.3　农户喜好将化肥包装袋清洗后留作他用

如表6－13所示，在调查样本中，55.30%的农户选择了将化肥包装袋清洗后留作他用，在农村用化肥包装袋来装农作物的情况较为普遍，清洗留作他用的方式对环境污染较小，是较为合理的一种处理方式。但仍有一些农户选择随意丢弃、焚烧和填埋的方式，占样本总量的比重分别为13.50%、36.03%、10.14%，这些处理方式极为不科学，可能会对土壤、水体和大气环境造成严重污染。

表 6-13　农户对化肥包装袋的处理方式　　单位：人，%

化肥包装袋处理	样本量	占比
清洗后留作他用	431	55.30
随意丢弃	105	13.50
焚烧	281	36.03
填埋	79	10.14
其他	22	2.83

资料来源：根据调查问卷整理计算所得。

6.3.3　农户对化肥污染的认知

6.3.3.1　*农户对化肥污染治理的法律意识淡薄*

如表 6-14 所示，在调查样本中，仅有 1.67% 的农户对国务院颁布的《中华人民共和国农业部肥料管理条例》很了解，比较了解国务院颁布的《中华人民共和国农业部肥料管理条例》的农户不到 10%，绝大多数的农户表示对《中华人民共和国农业部肥料管理条例》不了解，占到样本总量的 71.15%。调查反映出，沱江流域的农户对于国务院颁布的《中华人民共和国农业部肥料管理条例》知晓程度较低，一方面，有可能是村委对于该法律条例的宣传不到位；另一方面，有可能是农户文化水平低，法律意识薄弱，没有主动去学习和了解相关法律法规。

表 6-14　农户对《中华人民共和国农业部肥料管理条例》的了解程度

单位：人，%

对法律的了解程度	样本量	占比
很了解	13	1.67
比较了解	45	5.77
了解一些	267	21.41
不了解	455	71.15
总计	780	100.00

资料来源：根据调查问卷整理计算所得。

6.3.3.2　*农户对化肥造成的环境污染具有深刻认识*

如表 6-15 所示，在调查样本中，农户认为化肥造成的环境污染主要是水体污染和土壤污染，化肥会造成水体污染已经在农户心中达成共识，占样本总量的比重高达86.54%，72.69%的农户认为化肥还会造成土壤污染。也有一部分农户认为化肥还会造成大气污染、病原菌污染以及重金属污染，分别占样本总量的29.62%、13.33%、9.36%，仅有个别的农户认为化肥不会造成污染。调查结果反映出，农户对化肥造成的环境污染有深刻的认识，并高度地认同化肥会造成水体污染和土壤污染。

表6-15　农户对化肥环境污染的认知　　单位：人，%

化肥会造成的环境污染	样本量	占比
水体污染	675	86.54
土壤污染	567	72.69
大气污染	231	29.62
病原菌污染	104	13.33
重金属污染	73	9.36
不会造成污染	2	0.26

资料来源：根据调查问卷整理计算所得。

6.3.3.3　农户对化肥造成的环境污染关注度较低

如表6-16和表6-17所示，农户听过化肥造成的环境污染，但是并不关注化肥造成的环境污染。在调查样本中，82.31%的农户从电视新闻上听到过化肥会造成严重的环境污染，而且农户已经认识到化肥会造成水体污染和土壤污染，但是对化肥造成的环境污染表示不关心。在调查样本中，很关心和比较关心化肥造成的环境污染的农户占样本总量的累计比重不到10%，表示不关心的农户却占到了样本总量的74.10%。

表6-16　农户对化肥环境污染的知晓度　　单位：人，%

是否听过化肥污染	样本量	占比
是	642	82.31
否	138	17.69
总计	780	100.00

资料来源：根据调查问卷整理计算所得。

表 6－17 农户对化肥环境污染的关心度 单位：人，%

对化肥污染的关心度	样本量	占比
很关心	23	2.95
比较关心	45	5.77
一般关心	134	17.18
不关心	578	74.10
总计	780	100.00

资料来源：根据调查问卷整理计算所得。

6.3.4 农户绿色化肥施用意愿

6.3.4.1 农户绿色化肥施用意愿不高，参与程度较低

如表 6－18 所示，在调查样本中，不愿意施用绿色化肥的有 536 人，占样本总量的 68.72%，愿意的有 244 人，占样本总量的 31.28%。可见，农户绿色化肥施用意愿不高，农户在绿色化肥施用过程中缺乏主动性。

表 6－18 农户绿色化肥施用意愿 单位：人，%

绿色化肥施用意愿	样本量	占比
不愿意	536	68.72
愿意	244	31.28
总计	780	100.00

资料来源：根据调查问卷整理计算所得。

如表 6－19 所示，农户施用化肥愿意增加的成本多数集中在 0～50 元，占样本总量的比重为 59.43%，愿意增加成本在 100 元以上的农户累计占样本总量的比重不到 15%，表明在绿色化肥使用推广过程中，农户的参与程度较低。

表 6－19 农户绿色化肥施用愿意增加的成本 单位：人，%

愿意增加的成本	样本量	占比
0～50 元	145	59.43
51～100 元	65	26.64
101～200 元	34	13.11

续表

愿意增加的成本	样本量	占比
201元以上	2	0.82
总计	244	100.00

资料来源：根据调查问卷整理计算所得。

6.3.4.2　生产成本上升是农户不愿意的主要原因

如表6－20所示，在不愿意的样本中，68.47%的农户是因为绿色化肥施用可能会增加其生产成本，农户作为利益最大化的理性人，显然不愿意增加自身的生产成本。43.66%的农户是因为对绿色化肥认知度较低，不知道绿色化肥的效果，对新型生产资料持有怀疑和观望心态。农业环境作为公共物品，其治理不是一个人能解决的问题，所以，还有部分农户认为环境的治理与自己无关，对环境污染的治理持无所谓的态度，在不愿意的样本中，占31.16%。

表6－20　农户不愿意施用绿色化肥的原因　　单位：人，%

不愿意原因	样本量	占比
对绿色化肥认知度较低	234	43.66
增加生产成本	367	68.47
无所谓	167	31.16

资料来源：根据调查问卷整理计算所得。

6.4　农户牲畜粪尿污染治理行为分析

6.4.1　农户养殖情况

6.4.1.1　农户养殖目的多样

如表6－21所示，在调查样本中，75.34%的农户养殖目的是自己吃，也有相当部分农户养殖是为了增加收入，占样本总量的55.71%，还有少部分农户是政府政策支持和当地习惯，分别占样本总量的7.76%、3.56%。调查结果反映出，沱江流域农户养殖不仅自给自足，也是增加农户收入的来源之一。

表6－21　农户养殖目的　　单位：人，%

养殖目的	样本量	占比
自己吃	588	75.34
增加收入	435	55.71
政策支持	61	7.76
当地习惯	28	3.65

资料来源：根据调查问卷整理计算所得。

6.4.1.2　*农户养殖食物来源是粮食*

如表6－22所示，在调查样本中，绝大多数的农户都是依靠粮食来饲养畜禽，占样本总量的比重高达94.06%。还有一部分农户依靠农作物秸秆和野草，分别占到样本总量的41.55%和40.18%。调查结果表明，沱江流域的居民养殖大部分做到了绿色、健康，较少出现饲料喂养的情况。

表6－22　农户养殖的食物来源　　单位：人，%

食物来源	样本量	占比
粮食	734	94.06
秸秆	324	41.55
野草	313	40.18
其他	93	11.87

资料来源：根据调查问卷整理计算所得。

6.4.1.3　*农户养殖保险购买率低*

如表6－23所示，在调查样本中，没有购买养殖保险的比例占样本总量的81.74%，购买了养殖保险的占样本总量的18.26%。深入分析发现，未买养殖保险的农户养殖规模基本都非常小，养殖的猪、鸡等畜禽都是满足自己消费需求，认为不必要购买养殖保险。而购买了养殖保险的多为养殖规模稍大的农户，这些农户承担的市场风险较高，购买养殖保险能提高其抵御市场风险的能力，当畜禽发生意外时，可以获赔，不致造成严重的损失。

表6-23 农户是否购买养殖保险 单位：人，%

是否购买养殖保险	样本量	占比
是	142	18.26
否	638	81.74
总计	780	100.00

资料来源：根据调查问卷整理计算所得。

6.4.1.4 农户养殖主要是依靠祖辈经验

如表6-24所示，在调查样本中，绝大多数的农户获取养殖技术或知识的渠道是祖辈经验，占样本总量的56.15%。农户获取养殖技术或知识的第二个渠道是电脑或电视上，占样本总量的27.44%。农户获取养殖技术或知识的第三个渠道是查询图书资料，占样本总量的20.13%。此外，还有一些农户通过参加培训班、邻居介绍获取养殖技术或知识，分别占到样本总量的13.72%、10.77%。调查结果反映出沱江流域的农户获取养殖技术或知识的渠道较为传统。一方面，对于这些年龄较大和文化程度低的农户而言，通过查询图书、搜索网络、参加培训等信息化渠道来获取养殖技术或知识有一定难度，更多的农户相信传统经验。另一方面，养殖规模较小的农户也表示没有必要从图书、网络或者参加培训获取养殖技术或知识。

表6-24 农户获取养殖技术或知识的渠道 单位：人，%

获取养殖技术或知识的渠道	样本量	占比
参加培训班	107	13.72
查询图书资料	157	20.13
祖辈经验	438	56.15
电脑或电视上	214	27.44
邻居介绍	84	10.77
其他	207	26.54

资料来源：根据调查问卷整理计算所得。

6.4.2 农户养殖废弃物处理的行为

6.4.2.1 农户养殖废弃物处理设施较为传统

如表6-25所示，在调查样本中，68.85%的农户的处理设施是化粪池，

16.92%的农户无废弃物处理设施或者是处理设施已经废弃，很少采用。值得关注的是有31.92%的农户用沼气池处理废弃物，这主要得益于国家农村沼气工程的支撑政策。调查数据表明，多数农户家中是用化粪池处理废弃物，还有一些农户没有处理废弃物的设施，处理方式和设备较为落后。沼气化处理养殖废弃物有利于节能减排，国家还需要加大支持力度。

表6－25　农户养殖废弃物处理的设施　　单位：人，%

废弃物处理设施	样本量	占比
没有设施	132	16.92
化粪池	537	68.85
沼气池	249	31.92
其他	2	0.26

资料来源：根据调查问卷整理计算所得。

6.4.2.2　农户对养殖粪便主要采取还田的方式

粪便是农户从事种植生产过程中的肥料来源之一，已在我国农业生产中具有较长的历史，所以多数的农户将养殖粪便还田、还林，占样本总量的65.77%，有相当一部分农户将养殖粪便留在化粪池中，占样本总量的34.23%，此外，有一些农户将粪便进行堆肥处理或者卖给肥料加工厂，但是也有12.31%的农户直接将养殖粪便随意丢弃，这必然会造成环境污染（见表6－26）。

表6－26　农户对畜禽粪便物的处理方式　　单位：人，%

粪便物处理	样本量	占比
留在化粪池	267	34.23
随意丢弃	96	12.31
粪肥还田	513	65.77
卖给肥料加工厂	25	3.21
堆肥	196	25.13
其他	267	34.23

资料来源：根据调查问卷整理计算所得。

6.4.2.3　农户对死畜主要采取填埋的方式

如表6－27所示，在调查样本中，绝大多数的农户对于死畜采取了填埋的方式，占样本总量的比重高达75.77%，还有一部分选择了焚烧的处理方式，占样本总量的26.92%。此外，竟然还有一些农户选择了自家吃掉和销售出去，分别占到样本总量的10.13%、1.79%，而仅有8.21%的农户选择交给管理员处理。这一调查结果反映出沱江流域农户对死畜的处理方式不科学，农户环境意识和食品安全意识不强，填埋和焚烧的处理方式可能对土壤、水体和大气环境造成污染，自己吃掉和销售出去的处理方式严重影响了自己和他人的身体健康。目前仅有少数农户选择了较为合理的处理方式（交给管理员），这与我国农民低素质和农村畜禽疾控体系不完善有很大关系。

表6-27　农户对死畜的处理方式　　单位：人，%

死畜处理	样本量	占比
销售出去	14	1.79
自己吃掉	79	10.13
焚烧	210	26.92
填埋	591	75.77
交给管理员	64	8.21
其他	14	1.79

资料来源：根据调查问卷整理计算所得。

6.4.2.4　农户喜好将饲料包装袋清洗后留作他用

如表6-28所示，在调查样本中，65.26%的农户选择了将饲料包装袋清洗后留作他用，在农村用饲料包装袋来装农作物的情况较为普遍，清洗留作他用的方式对环境污染较小，是较为合理的一种处理方式。但仍有一些农户选择随意丢弃、焚烧和填埋的方式，占样本总量的比重分别为10.51%、26.03%、30.13%，这些处理方式极为不科学，可能会对土壤、水体和大气环境造成严重污染。

表6-28　农户对饲料包装袋的处理方式　　单位：人，%

饲料包装袋处理	样本量	占比
清洗后留作他用	509	65.26
随意丢弃	82	10.51
焚烧	203	26.03
填埋	235	30.13
其他	14	1.79

资料来源：根据调查问卷整理计算所得。

6.4.3 农户对养殖废弃污染的认知

6.4.3.1 农户对畜禽规模养殖污染的法律意识淡薄

如表6－29所示，在调查样本中，仅有1.41%的农户对国务院颁布的《畜禽规模养殖污染防治条例》很了解，比较了解国务院颁布的《畜禽规模养殖污染防治条例》的农户不到10%，绝大多数的农户表示对《畜禽规模养殖污染防治条例》不了解，占到被调查样本总量的61.67%。调查结果反映出，沱江流域的农户对于国务院颁布的《畜禽规模养殖污染防治条例》知晓程度较低，一方面，有可能是村委对于该法律条例的宣传不到位；另一方面，有可能是农户文化水平低，法律意识薄弱，没有主动去学习和了解相关法律法规。

表6－29 农户对《畜禽规模养殖污染防治条例》的了解程度

单位：人，%

对《畜禽规模养殖污染防治条例》的了解程度	样本量	占比
很了解	11	1.41
比较了解	75	9.62
了解一些	214	27.44
不了解	481	61.67
总计	780	100.00

资料来源：根据调查问卷整理计算所得。

6.4.3.2 农户对畜禽养殖污染整治工作的了解程度低

如表6－30所示，在调查样本中，55.77%的农户表示村里未开展畜禽养殖污染整治工作，反映出了一些地方对国家的政策落实不及时、不到位，这也可能是农户对畜禽养殖污染整治工作了解程度低的原因。

表6－30 村里是否开展了畜禽养殖污染整治工作 单位：人，%

村里是否开展了畜禽养殖污染整治工作	样本量	占比
是	345	44.23
否	435	55.77
总计	780	100.00

资料来源：根据调查问卷整理计算所得。

6.4.3.3 农户对畜禽养殖废弃物造成的环境污染认识较为全面

如表6-31所示，农户认为畜禽养殖废弃物造成的环境污染主要是水体污染、大气污染、土壤污染。在调查样本中，畜禽养殖废弃物会造成水体污染已经在农户心中达成共识，占样本总量的比重高达87.69%，57.05%和48.85%的农户认为畜禽养殖废弃物会造成大气污染和土壤污染。也有一部分农户认为畜禽养殖废弃物还会造成病原菌污染以及重金属污染，分别占样本总量的35.13%、10.51%，仅有个别的农户认为不会造成污染。调查结果反映出，农户对畜禽养殖废弃物造成的环境污染有较高的认识，并高度地认同畜禽养殖废弃物会造成水体污染。

表6-31 农户对畜禽养殖废弃物环境污染的认知 单位：人，%

养殖会造成的环境污染	样本量	占比
水体污染	684	87.69
土壤污染	381	48.85
大气污染	445	57.05
病原菌污染	274	35.13
重金属污染	82	10.51
不会造成污染	14	1.79

资料来源：根据调查问卷整理计算所得。

6.4.3.4 农户对畜禽养殖废弃物造成的环境污染关注度较低

农户听过养殖废弃物造成的环境污染，但是并不关注养殖废弃物造成的环境污染。如表6-32和表6-33所示，在调查样本中，63.93%的农户从电视新闻上听到过养殖业会造成严重的环境污染，而且农户已经认识到畜禽养殖废弃物会造成水体污染、大气污染、土壤污染，但是对养殖废弃物造成的环境污染表示不关心。在调查样本中，很关心和比较关心养殖废弃物造成的环境污染的农户占样本总量的累计比重不到30%，表示不关心的农户却占到了样本总量的27.40%。

表6-32 农户对畜禽养殖废弃物环境污染的认知度 单位：人，%

是否听过养殖污染	样本量	占比
是	499	63.93
否	281	36.07
总计	780	100.00

资料来源：根据调查问卷整理计算所得。

表 6－33　农户对畜禽养殖废弃物环境污染的关心度　　单位：人，%

对养殖污染的关心度	样本量	占比
很关心	53	6.85
比较关心	174	22.37
一般关心	338	43.38
不关心	214	27.40
总计	780	100.00

资料来源：根据调查问卷整理计算所得。

6.4.4　农户养殖废弃物资源化利用意愿

6.4.4.1　农户养殖废弃物资源化利用意愿较低，参与程度低

如表 6－34 所示，农户养殖废弃物资源化利用参与积极性较低。在调查样本中，不愿意参与的有 484 人，占样本总量的 62.10%。愿意参与的有 296 人，占样本总量的 37.90%。如表 6－35 所示，在调查样本中，农户养殖废弃物资源化利用愿意增加的成本多数集中在 0～100 元，占样本总量的比重为 48.99%，愿意增加的成本在 101～200 元的，占样本总量的比重为 35.47%。表明在养殖废弃物资源化利用过程中，农户的参与程度较低。

表 6－34　农户养殖废弃物资源化利用意愿　　单位：人，%

养殖废弃物资源化利用意愿	样本量	占比
不愿意	484	62.10
愿意	296	37.90
总计	780	100.00

资料来源：根据调查问卷整理计算所得。

表 6－35　农户养殖废弃物资源化利用愿意增加的成本　　单位：人，%

愿意增加的成本	样本量	占比
0～100 元	145	48.99
101～200 元	105	35.47
201～500 元	41	13.85
501 元以上	5	1.69
总计	296	100.00

资料来源：根据调查问卷整理计算所得。

6.4.4.2 治理成本和消极态度是农户不愿意的主要原因

生产成本的增加以及对环境污染的消极态度是农户不愿意参加养殖废弃物资源化利用的主要原因。农户作为利益最大化的理性人，显然不愿意增加自身的生产成本，在不愿意的样本中，占93.60%。环境作为公共物品，其治理不是一个人能解决的问题，所以，还有部分农户认为环境的治理与自己无关，对养殖污染物资源化利用持无所谓的态度，在不愿意的样本中，占77.07%。此外，还有部分农户不愿意的原因是浪费时间、没有能力和不知道如何治理，分别占38.02%、22.52%、32.02%。

表6-36 农户不愿意参与养殖废弃物污染治理的原因 单位：人，%

不愿意原因	样本量	占比
无所谓	373	77.07
浪费时间	184	38.02
增加成本	453	93.60
没有能力	109	22.52
不知道如何治理	155	32.02

资料来源：根据调查问卷整理计算所得。

6.4.4.3 愿意参与的农户具有较强的环境意识

如表6-37所示，在调查样本中，大部分愿意参与的农户认为养殖废弃物资源化利用可以改善水体质量、改善村庄面貌和改善土壤质量，占84.46%、67.57%、79.39%，还有部分农户愿意的原因是可提高农产品质量、得到政府补贴和得到社会认可，占29.05%、16.89%、17.91%。

表6-37 农户愿意参与养殖废弃物资源化利用的原因 单位：人，%

愿意原因	样本量	占比
改善村庄面貌	200	67.57
改善土壤质量	235	79.39
改善水体质量	250	84.46
提高农产品质量	86	29.05
得到政府补贴	50	16.89
得到社会认可	53	17.91

资料来源：根据调查问卷整理计算所得。

6.4.4.4 规范农户养殖行为需要多管齐下

如表6－38所示，在调查样本中，大多数农户认为应对养殖造成环境污染的农户进行罚款和对治理养殖造成环境污染的农户给予补贴，分别占样本总量的72.18%和68.97%。还有一些农户认为对养殖户进行技术培训和知识宣讲、提供给养殖户环境污染治理技术、加大对环境污染法规的宣传也能很好地规范农户养殖行为，占样本总量的比重分别为51.15%、49.36%、41.67%。农户对于政府的诉求基本符合农户目前对于养殖废弃物环境污染的认知和态度。

表6－38 政府如何规范农户的养殖行为 单位：人，%

方式	样本量	占比
对养殖造成环境污染的农户进行罚款	563	72.18
对治理养殖造成环境污染的农户给予补贴	538	68.97
对养殖户进行技术培训和知识宣讲	399	51.15
提供给养殖户环境污染治理技术	385	49.36
加大对环境污染法规的宣传	325	41.67

资料来源：根据调查问卷整理计算所得。

6.5 农户垃圾分类行为分析

6.5.1 农村垃圾处理基础设施建设情况

6.5.1.1 垃圾桶配置

乡村环境基础设施建设不健全，会导致农户出现随意丢弃垃圾的现象，也可能会给乡村的整体容貌带来一定的影响。如表6－39所示，在调查样本中，农户村里没有设置公共垃圾桶的占15.42%，设置1个垃圾桶、2个垃圾桶、3个垃圾桶和4个垃圾桶的都较少，占比分别为18.52%、11.22%、13.20%和4.00%。垃圾桶有5个及以上的占总体样本比例最多，占比为37.64%。由此可知，农户村里公共垃圾桶的建设存在严重的不平衡现象，村里公共垃圾桶建设的个数非常有限，总体而言不能满足大部分农户的基本要求。

表6－39 农户村里垃圾桶配置个数 单位：人，%

垃圾桶配置数量	样本量	占比
未配置	120	15.42
1个	144	18.52
2个	88	11.22
3个	103	13.20
4个	31	4.00
5个及以上	294	37.64
总计	780	100.00

资料来源：根据实地调研统计计算所得。

6.5.1.2 保洁员配置

如表6－40所示，在调查样本中，30.00%的农户表示村中没有专门保洁员，13.08%的农户表示村中有1个保洁员，28.46%的农户表示村中有2个保洁员，有3个保洁员和4个保洁员的村庄比例最少，分别占6.92%和3.85%，而有5个及以上保洁员的村庄占17.69%。调查数据表明，乡村保洁员配置个数不均衡，当乡村面积过大时，保洁员只能对部分区域进行清洁。

表6－40 农户村里保洁员配置个数 单位:%

保洁员配置个数	样本量	占比
0	234	30.00
1	102	13.08
2	222	28.46
3	54	6.92
4	30	3.85
5个及以上	138	17.69
总计	780	100.00

资料来源：实地调研统计计算所得。

6.5.1.3 垃圾库配置

如表6－41所示，在调查样本中，558个农户表明村上有定点垃圾库，占71.50%，28.50%的农户表示村中没有定点垃圾库。由此可知，大部分乡村对垃圾的处理采取集中方式，但有一小部分的乡村还需要加强垃圾库的建设，以满足农村垃圾处理及储存的需要。

表 6－41　农户村里是否有定点垃圾库　　单位：人，%

是否有定点垃圾库	样本量	占比
有	558	71.50
没有	222	28.50
总计	780	100.00

资料来源：实地调研统计计算所得。

6.5.1.4　废品站配置

乡村废品站配置情况还不能满足大部分农户的要求，未能实现“一村一站”。如表 6－42 所示，53.85% 的农户表明村里没有废品站，46.15% 的农户表明村里有废品站，占比相差不是很大。调查结果显示，村庄废品站分布不均匀，农户不能有效地处理可回收垃圾，在很大程度上是因为回收站的建设不够，没有废品站农户便不知道如何处理可回收垃圾，而出现随意丢弃以及一些不合理的情况。

表 6－42　农户村里是否配置废品站　　单位：人，%

是否配置废品站	样本量	占比
有	360	46.15
没有	420	53.85
总计	780	100.00

资料来源：实地调研统计计算所得。

6.5.2　农户对垃圾分类政策的认知

6.5.2.1　农户对国家垃圾分类政策的知晓度较低

如表 6－43 所示，在调查样本中，对我国垃圾分类政策很了解、较了解的农户占样本总量的比重分别为 8.50%、36.20%，了解一些的占样本总量的 39.20%，还有 16.20% 的农户不了解。由此可以看出，农户对垃圾分类的政策都有一定认知程度，但了解程度还是不够。一方面可能是地方政府宣传不到位，另一方面可能是农户的受教育水平较低，缺乏环保意识，导致农民未能主动地接收关于垃圾分类政策的相关信息。

表6-43 农户垃圾分类政策了解程度 单位：人，%

了解程度	样本量	占比
很了解	66	8.50
较了解	282	36.20
了解一些	306	39.20
不了解	126	16.20
总计	780	100.00

资料来源：实地调研统计计算所得。

6.5.2.2 对国家垃圾分类标准的知晓度

如表6-44所示，在调查样本中，46.15%的农户对我国垃圾分类的标准有一些了解，对我国垃圾分类标准较了解的占总体样本的29.23%，很了解垃圾分类标准的仅占总体样本的8.46%，此外，16.15%的农户表示对国家垃圾分类标准不了解。调查反映出，农户对我国垃圾分类标准的了解程度薄弱，这可能是地方对垃圾分类实施行动不到位，农户缺乏对垃圾分类的意识，也就可能造成农户凭借生活经验去分类，降低了垃圾分类处理的积极性。

表6-44 农户垃圾分类标准了解程度 单位：人，%

了解程度	样本量	占比
很了解	66	8.46
较了解	228	29.23
了解一些	360	46.15
不了解	126	16.15
总计	780	100.00

资料来源：实地调研统计计算所得。

6.5.3 农户生活垃圾处理行为

6.5.3.1 农户生活垃圾多样，以废书纸和剩菜剩饭为主

如表6-45所示，在调查样本中，废书纸是农户垃圾第一构成类型，占样本总量的比重为87.18%，访谈中发现，农户表示废书纸主要是家中学生升学后留下的。剩菜剩饭是农户垃圾第二构成类型，占样本总量的比重为75.64%。旧衣服、塑料袋、卫生间垃圾、果蔬皮等是农户垃圾第三类构成类型，占样本总量的

比重分别为60.26%、61.03%、64.10%、64.10%。旧纸箱、塑料瓶是农户垃圾第四类构成类型，占样本总量的比重分别为46.41%、53.33%。废电池、废灯泡、旧电器是农户垃圾第五类构成类型，占比相对较小，目前运用电池的地方较少，而且灯泡、电器作为耐用品，使用年限长，所以这几类在农户垃圾构成中的比重较小。

表6-45　农户垃圾构成　　单位：人，%

垃圾类型	样本量	占比
废书纸	680	87.18
旧纸箱	362	46.41
旧衣服	470	60.26
塑料瓶	416	53.33
塑料袋	476	61.03
废电池	134	17.18
废灯泡	122	15.64
旧电器	200	25.64
剩菜剩饭	590	75.64
卫生间垃圾	500	64.10
果蔬皮	500	64.10

资料来源：实地调研统计计算所得。

6.5.3.2　农户对可回收垃圾的处理方式较为科学

如表6-46所示，在调查样本中，大部分农户对可回收垃圾处理方式都比较合理，选择将可回收垃圾卖给废品站，占样本总量的比例为72.80%。但仍有部分农户对可回收垃圾的处理采取填埋、焚烧、随意丢弃的方式。这些处理方式非常不科学，不仅会影响水源、土壤、空气，还影响环境美观，有害物质也将通过水源、土壤等方式使果蔬减产，危害人体健康，占样本总量的比例分别为5.02%、13.18%和6.28%。这些农户在日常生活中，缺乏环境保护意识。

表6-46　农户对可回收垃圾的主要处理方式　　单位：人，%

处理方式	样本量	占比
填埋	39	5.02

续表

处理方式	样本量	占比
焚烧	103	13.18
随意丢弃	49	6.28
卖给废品站	568	72.80
其他	18	2.27
总计	780	100.00

资料来源：实地调研统计计算所得。

6.5.3.3　农户对不可回收垃圾处理方式多样

如表 6－47 所示，在调查样本中，农户对不可回收垃圾的处理方式多采取堆肥处理和村集中处理，分别占样本总量的 32.69% 和 41.54%，少部分人会选择填埋处理，说明目前部分乡村对不可回收垃圾的处理方式已经有了比较系统的模式，会对不可回收垃圾进行集中处理，32.69% 的农户选择堆肥处理，在处理了垃圾问题的同时也产生了优质有机肥，有利于改善土壤的肥力，减少化肥的施用。调查表明，目前大部分农户对不可回收垃圾的处理方式已经具备一定环保意识。

表 6－47　农户对不可回收垃圾处理方式　　单位：人，%

处理方式	样本量	占比
填埋	69	8.85
堆肥	255	32.69
随意丢弃	85	10.90
村集中处理	324	41.54
其他	48	6.02
总计	780	100.00

资料来源：实地调研统计计算所得。

6.5.3.4　农户垃圾分类意愿较高，但参与程度低

如表 6－48 所示，在调查样本中，62.18% 的农户愿意对垃圾进行分类，表明他们意识到生活垃圾对自己产生的影响，具备一定垃圾分类意识，但有 37.82% 的农户不愿意对垃圾进行分类。当小部分农户不愿意进行垃圾分类时，将会对整个垃圾分类活动产生负面影响，成为我国推行垃圾分类政策的阻碍。调查结果也显示出，农户虽然有较高的意愿，但参与程度还是较低的。

表 6－48　农户垃圾分类意愿　　单位：人，%

垃圾分类意愿	样本量	占比
愿意	485	62.18
不愿意	295	37.82
总计	780	100.00

资料来源：根据调查问卷整理计算所得。

如表 6－49 所示，在调查样本中，农户垃圾分类愿意增加的成本多数集中在 0～50 元，占样本总量的比重为 57.94%，其次，愿意增加的成本在 51～100 元的，占样本总量的比重为 29.28%。表明在农户垃圾分类过程中，农户的参与程度较低。

表 6－49　农户垃圾分类愿意增加的成本　　单位：人，%

愿意增加的成本	样本量	占比
0～50 元	281	57.94
51～100 元	142	29.28
101～200 元	45	9.28
201 元以上	17	3.51
总计	485	100.00

资料来源：根据调查问卷整理计算所得。

如表 6－50 所示，在不愿意参与的样本中，农户不愿意进行垃圾分类的原因主要是没有形成良好的分类习惯，占样本总量的 56.92%，35.00% 的农户表明即使对垃圾进行分类也不知道应该如何处理，大约 30% 的农户有不正确的价值观，认为垃圾分类浪费时间、消耗体力。可能原因有两个：一是村上没有对垃圾进行集中处理的体制，导致农户在生活中对垃圾分类并没有贯彻落实；二是农户文化素质低，环保意识弱，有着不正确的价值观，认为垃圾分类不应该是自己的生活负担。

表 6－50　农户未对垃圾进行分类的原因　　单位：人，%

未对垃圾进行分类的原因	样本量	占比
消耗体力	104	13.33
浪费时间	154	19.74

续表

未对垃圾进行分类的原因	样本量	占比
无分类习惯	444	56.92
分类后不知如何处理	273	35.00

资料来源：实地调研统计计算所得。

如表6－51所示，在愿意的样本中，愿意进行垃圾分类的农户部分是基于家庭责任，认为垃圾分类有利于家人身心健康，占总体样本的61.65%，大部分农户对垃圾分类的原因是可以节约资源、可以养成良好习惯、可为孩子树立环保意识，占样本总量的比重分别为46.06%、44.77%、42.02%。但也仍有少部分的农户是为得到社会认可才进行分类的，这是一个非常不好的想法。总体上看，愿意分类的农户具有较高的环保意识。

表6－51　农户垃圾分类原因　　单位：人，%

垃圾分类原因	样本量	占比
有利于家人身心健康	481	61.65
可以节约资源	359	46.06
可以养成良好习惯	349	44.77
可为孩子树立环保意识	328	42.02
得到社会认可	121	15.50

资料来源：根据调查问卷整理计算所得。

6.6　农户污水治理行为分析

6.6.1　农户生活用水使用情况

6.6.1.1　居民用水量多集中在0.2～0.5立方米

如表6－52所示，在调查样本中，农户每家每天使用的水主要在0.2～0.5立方米，占样本总量的48.55%；农户每天使用0.2立方米以下的，占样本总量的28.32%；农户每天使用0.6～1立方米的，占样本总量的14.45%；农户每天使用1立方米以上的，占样本总量的8.67%。

表6－52　农户用水量　　单位：人，%

水量	样本量	占比
0.2立方米以下	221	28.32
0.2～0.5立方米	379	48.55
0.6～1.0立方米	113	14.45
1.0立方米以上	68	8.67
总计	780	100.00

资料来源：根据调查问卷整理计算所得。

6.6.1.2　居民节水意识较高，但节水设备需要进一步推广

如表6－53所示，在调查样本中，家中经常倡导节约用水理念的占样本总量的90.75%；家中不经常倡导节约用水理念的占总样本总量的9.25%。表明绝大多数家庭具有节约用水的意识。

表6－53　居民是否倡导节约用水理念　　单位：人，%

是否倡导节约用水理念	样本量	占比
是	708	90.75
否	72	9.25
总计	780	100.00

资料来源：根据调查问卷整理计算所得。

如表6－54所示，在调查样本中，45.09%的农户表示家里的用水设备具有节水功能；54.91%的农户表示家里的用水设备不具有节水功能。这也反映出，农村推动节水设备的进度还远远不够，也有可能是节水设备成本较高，一些农户不愿意承担过多的生活成本，而选择普通设备。

表6－54　家里的用水设备是否具有节水功能　　单位：人，%

是否具有节水功能	样本量	占比
是	352	45.09
否	428	54.91
总计	780	100.00

资料来源：根据调查问卷整理计算所得。

6.6.2　农户生活污水认知

6.6.2.1　对水环境质量的评价一般

如表6－55所示，农户对周边水质和水环境的评价呈正态分布特征。在调查样本中，对周边水质和水环境的评价“一般”的农户最多，占样本总量的比重为44.51%；对周边水质和水环境的评价“好”和“非常差”的农户较少，占样本量的比重分别为7.51%、3.17%；对周边水质和水环境的评价“良好”的占样本总量的28.32%；对周边水质和水环境的评价较差的占样本总量的16.18%。反映出农户对周边水质和水环境的评价具有不同的认知，或者说不同地区农村水环境质量存在一定差异。

表6－55　农户对水质和水环境的评价　　单位：人，%

评价	样本量	占比
好	59	7.51
良好	221	28.32
一般	347	44.51
较差	126	16.18
非常差	25	3.17
总计	780	100.00

资料来源：根据调查问卷整理计算所得。

6.6.2.2　对生活污水治理必要性认知度高

如表6－56所示，在调查样本中，绝大多数居民认为治理生活污水有必要，占样本总量的96.54%，只有3.46%的居民认为治理生活污水没有必要。生活污水治理能极大改善人们的生活环境，从中可以看出绝大多数居民对自己周边的生活环境还是很关注的。

表6－56　农村生活污水治理是否有必要　　单位：人，%

是否有必要	样本量	占比
有必要	753	96.54
没有必要	27	3.46
总计	780	100.00

资料来源：根据调查问卷整理计算所得。

6.6.2.3 对沱江水污染治理试点政策的知晓度较低

如表6－57所示，在调查样本中，大多数居民并不知道沱江为全国流域水环境综合治理与可持续发展试点流域，占样本总量的57.23%，42.77%的农户表示知道沱江为全国流域水环境综合治理与可持续发展试点流域，表明这项政策在农村的宣传力度并不够，还需要进一步进行宣传。

表6－57 农户对沱江水污染治理试点政策的认知 单位：人，%

是否知道	样本量	占比
知道	334	42.77
不知道	446	57.23
合计	780	100.00

资料来源：根据调查问卷整理计算所得。

6.6.3 农户水污染治理行为

6.6.3.1 农户污水治理参与意愿高，参与方式多样

如表6－58所示，居民几乎都愿意参与污水治理，占样本总量的81.41%，只有极少数的人不愿意参与，占18.59%。保护沱江的生态环境，是每一个受益人的责任，从调查得出的数据可以看出，绝大多数农户对保护沱江生态环境都挺积极的。

表6－58 农户生活污水治理意愿 单位：人，%

参与意愿	样本量	占比
愿意	635	81.41
不愿意	145	18.59
总计	780	100.00

资料来源：根据调查问卷整理计算所得。

如表6－59所示，在调查样本中，绝大多数的居民愿意以在平时生活中节约用水的方式参与，占样本总量的比重高达88.46%，还有一部分居民选择购买环保型的洗涤剂、作为志愿者宣传保护沱江的重要性的方式，分别占样本总量的61.79%、62.44%。此外还有一些居民选择自愿成为污水治理的监督者，占样本总量的53.21%，而仅有29.49%的居民选择了每年支付一部分资金用于沱江的

保护。这一调查结果反映出流域农户参与污水治理的形式是多样的。

表6-59　参与方式　　单位：人，%

方式	样本量	占比
在平时生活中节约用水	690	88.46
购买环保型的洗涤剂	482	61.79
作为志愿者宣传保护沱江的重要性	487	62.44
每年支付一部分资金用于沱江的保护	230	29.49
自愿成为污水治理的监督者	415	53.21
其他	126	16.15

资料来源：根据调查问卷整理计算所得。

如表6-60所示，愿意捐钱治理生活污水的农户认为环境保护是全体公民的责任与义务；水污染对我们的生活造成了很大的影响；自己是污染者，治理污染也是自己的责任。分别占总体样本的84.97%、74.57%、56.07%。这说明了大部分沱江市民非常有责任感。部分人认为其家庭收入较高，愿意承担一部分保护资金，其占总体样本的20.23%。愿意捐钱来治理沱江水污染的其他原因，占总体样本的15.03%。

表6-60　愿意支付补偿金来治理污水的原因　　单位：人，%

原因	样本量	占比
环境保护是全体公民的责任与义务	663	84.97
水污染对我们的生活造成了很大的影响	582	74.57
自己是污染者，治理污染也是自己的责任	437	56.07
家庭收入较高，愿意承担一部分保护资金	158	20.23
其他	117	15.03

资料来源：根据调查问卷整理计算所得。

6.6.3.2　农户生活污水治理补偿强度较低，补偿方式多样

如表6-61所示，在调查样本中，大多数农户每年愿意捐出0~50元来治理生活污水，占样本总量的比重为72.61%，愿意捐出100元以上的农户非常少，累计占比不到15%，表明农户生活污水治理补偿强度较低。

表 6-61　补偿强度　　单位：人，%

额度	样本量	占比
0~50 元	167	72.61
51~100 元	35	15.22
101~200 元	22	9.57
201 元以上	6	2.61
合计	230	100.00

资料来源：根据调查问卷整理计算所得。

如表 6-62 所示，在调查样本中，农户补偿方式呈现出多元化特征，愿意以现金、水电费、生态环境税等方式进行补偿，占愿意样本量的比重分别为 72.17%、76.09%、73.04%，还有部分农户选择进行社会捐助和购买生态彩票的方式。

表 6-62　补偿方式　　单位：人，%

补偿方式	样本量	占比
现金	166	72.17
水电费	175	76.09
生态环境税	168	73.04
进行社会捐助	134	58.26
购买生态彩票	71	30.87
其他	13	5.65

资料来源：根据调查问卷整理计算所得。

6.7　本章小结

本章通过对沱江流域农户的调查，分析了农户化肥施用行为、养殖废弃物资源化利用行为、垃圾分类行为以及生活污水治理行为，得到以下重要结论：

第一，农户化肥施用的决策依据多样，化肥施用量有减少的趋势；农户对化肥造成的环境污染具有深刻认识，但对化肥污染治理的法律意识淡薄；农户绿色

化肥施用意愿不高，参与程度较低。

第二，农户养殖废弃物处理设施较为传统，对养殖粪便主要采取还田的方式，对死畜主要采取填埋的方式；对畜禽规模养殖污染的法律意识淡薄，对畜禽养殖废弃物造成的环境污染认识较为全面，但关注度较低；养殖废弃物资源化利用意愿较低，参与程度低。

第三，农户表示农村垃圾处理基础设施建设和配置不健全，对国家垃圾分类政策和分类标准的知晓度较低；农户生活垃圾多样，以废书纸和剩菜剩饭为主；对可回收垃圾以卖给废品站的处理方式为主，对不可回收垃圾的处理方式多采取堆肥处理和村集中处理；农户垃圾分类意愿较高，但参与程度低。

第四，居民节水意识较高，但节水设备需要进一步推广；多数农户认为周边水质和水环境质量“一般”，对生活污水治理必要性认知度高；农户污水治理参与意愿高，参与方式多样；农户生活污水治理补偿强度较低，补偿方式多样。

总体上看，沱江流域农户对农业非点源污染有一定认知，但是对农业环境污染的关注度以及对环境污染治理政策的知晓度较低；农户对生产性污染治理的参与意愿和参与程度均较低，对生活性污染治理的参与意愿高，但参与程度也较低。尽管多数农户具有环境忧虑感，并认知到农业生产生活对水环境、土壤环境及大气环境造成的危害，但农户作为理性人，不愿意为农业环境这种公共物品增加自身的生产生活成本。

第 7 章　沱江流域农户农业非点源污染治理行为的影响因素分析

前文分析发现，在治理不同类型农业非点源污染过程中，农户表现出不同的行为意愿和参与程度，那么影响农户行为的因素有哪些？这些因素是如何以及在多大程度上影响农户行为意愿及行为强度的，这是本章需要解决的问题。本章依托调研数据，运用双栏模型来研究农户农业非点源污染治理行为的影响因素。

7.1　农户绿色化肥施用行为影响因素分析

7.1.1　研究方法

目前研究农户行为影响因素的模型有 Probit 模型（张宁等，2020）、Logistic 模型（周琰和田云，2021）、结构方程模型（肖钰等，2021）、双栏模型等（马鹏超等，2021）。对于两阶段农户行为的影响因素，学术界采用 Cragg 提出的双栏模型（以下简称 DHM）进行相关参数的估计。该模型可以将农户决策过程分解为参与意愿和参与程度两个阶段。在双栏模型中，只有两个阶段同时成立才能构成一个完整的决策，并且参与意愿和参与程度是互相独立的两个模型。DHM 模型及其相关模型可表示为：

$$W = \lambda Z + \mu,\ \mu \sim N(0,\ 1) \tag{7-1}$$

$$Y = \eta X + \zeta,\ \zeta \sim N(0,\ \sigma^2) \tag{7-2}$$

$$Y = \begin{cases} W, & Y > 0 \text{ 且 } W > 0 \\ 0, & W = 0 \end{cases} \tag{7-3}$$

$$N = (W, Y \mid \lambda、\eta、\mu、\zeta)$$
$$= [1 - \Phi(\lambda Z)]^{1(w=0)} \{\Phi(\lambda Z)\Phi[(\eta X - \mu)/\sigma]\}^{1(w=0)} \quad (7-4)$$

式(7-1)运用Probit模型来估计农户绿色化肥施用参与意愿，式(7-2)运用截断正态模型来估计农户绿色化肥施用参与程度，式(7-3)是式(7-1)和式(7-2)的补充条件，式(7-4)是式(7-1)和式(7-2)互相独立的假说条件下DHM的概率密度函数。式(7-1)中各字母的含义如下：W表示农户绿色化肥施用参与意愿，当农户愿意参与时，W=1，否则W=0，λ表示自变量Z的待估参数，Z表示影响因素，μ表示随机扰动项，N(0, 1)表示标准正态分布；式(7-2)中各字母的含义如下：Y表示农户绿色化肥施用参与程度，η表示自变量X的待估参数，Z表示影响因素，ζ为随机扰动项，N(0, σ^2)表示以0为均数、标准差为σ的正态分布。式(7-3)和式(7-4)中的字母与式(7-1)和式(7-2)中的含义相同。

7.1.2 变量选取

根据现有研究成果和问卷设置的调查内容（黄炎忠等，2019；曹慧和赵凯，2018；谢贤鑫等，2018；赵喜鹏等，2018；张静宇等，2016；左喆瑜，2015），选取如表7-1所示的变量。因变量为绿色化肥施用参与意愿和参与程度，自变量包括环境感知、环境情感、环境意志、自然资本、物质资本、经济资本、人力资本、社会资本和符号资本。自然资本选取耕地面积、平均耕作半径两个变量，经济资本选取家庭人均年收入、收入来源两个变量，人力资本选取家庭劳动力数量、教育年限、种植年限、身体状况四个变量，社会资本选取社会信任和社会参与两个变量，社会信任从对村干部的信任度、对新闻媒体的信任度、对技术推广人员的信任度三个方面进行测度，社会参与从是否参与农业合作社、是否参与农业培训两个方面进行测度，符号资本从是否为新型职业农民、是否为村干部、是否为党员三个方面进行测度。

表7-1 变量定义及赋值

变量		替代变量	定义及赋值
因变量	参与意愿	是否愿意施用绿色化肥	是=1；否=0
	参与程度	愿意增加的成本	实测值
自变量	环境感知	环境质量是否变差	否=0；是=1
	环境情感	保护环境是否感到自豪	否=0；是=1
	环境意志	保护环境是否能持续坚持	否=0；是=1

续表

变量		替代变量	定义及赋值
自变量	自然资本	耕地面积	实测值
		平均耕作半径	实测值
	物质资本	农业工具拥有量	实测值
	经济资本	家庭人均年收入	实测值
		收入来源	务农收入为主 =1；其他收入为主 =0
	人力资本	家庭劳动力数量	实测值
		教育年限	小学 =1；初中 =2；高中 =3；大专 =4；本科及以上 =5
		种植年限	实测值
		身体状况	有病 =1，良好 =2，健康 =3
	社会资本（社会信任）	对村干部的信任度	均不信任 =0；信任其中一类 =1；信任其中两类 =2；都信任 =3
		对新闻媒体的信任度	
		对技术推广人员的信任度	
	社会资本（社会参与）	是否参与农业合作社	均未参与 =0；参与其中一种 =1；均参与 =2
		是否参与农业培训	
	符号资本	是否为新型职业农民	均不是 =0；是其中一类 =1；是其中两类 =2；均是 =3
		是否为村干部	
		是否为党员	

7.1.3 结果分析

运用 DHM 分析农户绿色化肥施用行为的影响因素，结果如表 7－2 所示。模型 Wald 卡方值在 1% 显著性水平上通过检验，表明该模型自变量与因变量之间的拟合程度较好，结果较为科学。其中，环境感知、家庭人均年收入、教育年限和社会地位显著正向影响农户绿色化肥施用意愿和强度，耕地面积和种植年限显著负向影响农户绿色化肥施用意愿和强度，其他变量对农户绿色化肥施用意愿和强度影响不显著。

表 7－2 农户绿色化肥施用为行为影响的估计结果

变量	替代变量	参与意愿		参与程度	
		系数	标准差	系数	标准差
环境感知	农村环境质量是否变差	0.377*	0.020	0.365**	0.223

续表

变量	替代变量	参与意愿		参与程度	
		系数	标准差	系数	标准差
环境情感	保护环境是否感到自豪	0.241	0.052	0.121	0.012
环境意志	保护环境是否能持续坚持	0.024	0.011	0.482	0.102
自然资本	耕地面积	-0.403**	0.201	-1.345*	0.029
	平均耕作半径	0.123	0.002	1.883	1.304
物质资本	农业工具拥有量	0.312	0.021	0.183	0.078
经济资本	家庭人均年收入	1.873**	0.393	2.098**	0.776
	收入来源	0.502	0.594	1.108	0.012
人力资本	家庭劳动力数量	0.602	0.208	-1.233	0.036
	教育年限	0.525*	0.109	0.424**	0.141
	种植年限	-0.543***	0.226	-1.305***	0.428
	身体状况	0.593	0.452	-3.098	1.999
社会资本	社会信任	0.377	0.120	1.230	0.134
	社会参与	0.168	0.051	1.093	0.305
符号资本	社会地位	0.292**	0.083	1.094**	0.109
常数项		0.091**	0.009	0.933*	0.110
样本量		780			
对数似然值		720.362			
Wald 卡方值		346.904***			

注：***表示在1%的水平上显著，**表示在5%的水平上显著，*表示在10%的水平上显著。

环境感知变量显著正向影响农户绿色化肥施用意愿和参与程度，分别通过10%、5%的显著性水平检验。表明农户感知到农村环境质量越差，施用意愿越强，参与程度越高。农村环境是居民生产生活的空间，是居民赖以生存和发展的基础，环境质量较差会严重约束居民的生产效率，降低居民的生活质量，当居民意识到周边环境质量逐渐变差时，就有可能参与绿色化肥的施用。

耕地面积变量显著负向影响农户绿色化肥施用意愿和参与程度，分别通过5%、10%的显著性水平检验。表明耕地面积越大的农户绿色化肥施用意愿和参与程度越小。耕地既是农业生产活动正常进行的基础，也是农户最主要的生产资料，耕地面积越大的农户，则需要投入更多的绿色化肥，而绿色化肥往往比普通化肥价格高，这将大大提高农户的生产成本，这就有可能降低农户绿色化肥施用意愿和参与程度。

家庭人均年收入变量显著正向影响农户绿色化肥施用意愿和参与程度，均通过5%显著性水平检验。表明家庭人均年收入越高，施用意愿越强、参与程度更高。绿色化肥作为一种新型生产资料，农户对其风险性和收益性认知较低，均持观望和回避态度。绿色化肥的施用会增加农户成本，显然经济实力较强的农户承担能力更强，面临成本增加的压力较小，所以其施用意愿更强、参与程度更高。

教育年限变量显著正向影响农户绿色化肥施用意愿和参与程度，分别通过10%、5%的显著性水平检验。表明文化程度越高的农户绿色化肥施用意愿和参与程度更强。文化程度越高的农户，去了解、学习和接受绿色化肥施用知识及技术的能力越强，速度越快，则会提高其施用意愿和参与程度。

种植年限变量显著负向影响农户绿色化肥施用意愿和参与程度，均通过1%的显著性水平检验。表明年龄越大的农户绿色化肥施用意愿和参与程度越弱。这一结果也基本符合现实情况，在调查地区农村，进行农业生产活动的劳动力多为中老年人，种植年限越长可能导致其形成了固有的传统观念，形成路径依赖，导致对绿色化肥的认知不足，则其参与意愿弱、参与程度低。

社会地位变量显著正向影响农户绿色化肥施用意愿和参与程度，均通过5%的显著性水平检验。表明具有新型职业农民、村干部、党员身份的居民，施用意愿更强、参与程度更低。新型职业农民、村干部和党员作为农村地区具有一定影响力和号召力的群体，比起一般村民更有远见和决策力，社会网络关系更多、见识越广，在绿色化肥施用过程中可以起到带头、示范、引领的作用，接受并响应国家政策的速度更快、效率更高，所以其施用意愿更强、参与程度更低。

7.1.4 稳健性检验

为了检验表7-2中结果的稳健性，此处选择变化样本量的方法，将总体样本划为上游地区、中游地区、下游地区三个子样本，再次运用双栏模型估计参数，结果如表7-3所示，结果与表7-2总体样本估计结果一致，虽然各变量的弹性系数大小发生变化，但是符号未发生变化，表明回归结果较为稳健。

表7-3 农户绿色化肥施用行为影响因素的稳健性检验结果

变量	替代变量	上游地区		中游地区		下游地区	
		参与意愿	参与程度	参与意愿	参与程度	参与意愿	参与程度
环境感知	农村环境质量是否变差	0.407***	0.045**	0.562***	0.666*	0.552**	0.627**

续表

变量	替代变量	上游地区		中游地区		下游地区	
		参与意愿	参与程度	参与意愿	参与程度	参与意愿	参与程度
环境情感	保护环境是否感到自豪	0. 201	0. 130	0. 451	0. 085	0. 734	0. 283
环境意志	保护环境是否能持续坚持	0. 024	0. 385	0. 123	0. 064	0. 561	0. 645
自然资本	耕地面积	-0. 003 **	-0. 345 *	-0. 036 **	-0. 034 *	-0. 023 *	-0. 092 **
	平均耕作半径	0. 293	0. 893	0. 198	0. 292	0. 671	0. 304
物质资本	农业工具拥有量	0. 410	0. 029	0. 209	0. 003	0. 038	0. 397
经济资本	家庭人均年收入	0. 403 **	0. 203 **	0. 208 ***	0. 492 *	0. 304 *	0. 498 ***
	收入来源	0. 306	0. 012	0. 290	0. 333	0. 449	0. 201
人力资本	家庭劳动力数量	0. 002	0. 024	0. 245	0. 043	0. 677	0. 234
	教育年限	0. 315 *	0. 293 **	0. 451 *	0. 782 ***	0. 698 **	0. 092 *
	种植年限	-0. 243 ***	-0. 723 *	-0. 082 ***	-0. 982 **	-0. 293 *	-0. 723 **
	身体状况	0. 003	0. 192	0. 109	0. 227	0. 200	0. 315
社会资本	社会信任	0. 277	0. 084	0. 187	0. 456	0. 392	0. 203
	社会参与	0. 068	0. 251	0. 098	0. 028	0. 039	0. 245
符号资本	社会地位	0. 270 **	0. 192 *	0. 245 *	0. 102 **	0. 299 **	0. 184 *
常数项		0. 001 **	0. 034	0. 196	0. 623	0. 243	0. 304

注：*** 表示在1%的水平上显著，** 表示在5%的水平上显著，* 表示在10%的水平上显著。

7.2 农户养殖废弃物资源化利用行为影响因素分析

7.2.1 研究方法

同理，运用双栏模型来分析农户养殖废弃物资源化利用行为影响因素。模型构建如下：

$$W = \lambda Z + \mu,\ \mu \sim N\ (0,\ 1) \tag{7-5}$$

$$Y = \eta X + \zeta,\ \zeta \sim N\ (0,\ \sigma^2) \tag{7-6}$$

$$Y = \begin{cases} W,\ Y > 0 \text{ 且 } W > 0 \\ 0,\ W = 0 \end{cases} \tag{7-7}$$

$$
\begin{aligned}
N &= (W,\ Y \mid \lambda、\eta、\mu、\zeta) \\
&= [1 - \Phi(\lambda Z)]^{1(w=0)} \{\Phi(\lambda Z)\Phi[(\eta X - \mu)/\sigma]\}^{1(w=0)} \qquad (7-8)
\end{aligned}
$$

式（7－5）运用Probit模型来估计农户养殖废弃物资源化利用参与意愿，式（7－6）运用截断正态模型来估计农户养殖废弃物资源化利用参与程度，式（7－7）是式（7－5）和式（7－6）的补充条件，式（7－8）是式（7－5）和式（7－6）互相独立的假说条件下DHM的概率密度函数。式（7－5）中各字母的含义如下：W表示农户养殖废弃物资源化利用参与意愿，当农户愿意参与时，W＝1，否则W＝0，λ表示自变量Z的待估参数，Z表示影响因素，μ表示随机扰动项，N（0，1）表示标准正态分布；式（7－6）中各字母的含义如下：Y表示农户养殖废弃物资源化利用参与程度，η表示自变量X的待估参数，Z表示影响因素，ζ为随机扰动项，N（0，σ^2）表示以0为均数、标准差为σ的正态分布。式（7－7）和式（7－8）中的字母与式（7－5）和式（7－6）中的字母含义相同。

7.2.2 变量选取

根据现有研究成果和问卷设置的调查内容（赵会杰和胡宛彬，2021；王火根等，2020；唐洪松和彭伟容，2020；李乾和王玉斌，2018；宾幕容等，2017），选取如表7－4所示的变量。因变量为养殖废弃物资源化利用参与意愿和参与程度，自变量包括环境感知、环境情感、环境意志、自然资本、物质资本、经济资本、人力资本、社会资本和符号资本，变量的替代变量及其赋值如表7－4所示。自然资本选取耕地面积、平均耕作半径两个变量，经济资本选取家庭人均年收入、收入来源两个变量，物质资本选取是否具有沼气池、是否有运输类工具两个变量，人力资本选取家庭劳动力数量、教育年限、养殖年限、身体状况四个变量，社会信任从对村干部的信任度、对新闻媒体的信任度、对技术推广人员的信任度三个方面进行测度，社会参与从是否参与农业合作社、是否参与农业培训两个方面进行测度，符号资本从是否是新型职业农民、是否是村干部、是否是党员三个方面进行测度。

表7－4　农户养殖废弃物资源化利用行为变量解释及定义

变量		替代变量	定义及赋值
因变量	参与意愿	是否愿意参与养殖废弃物资源化利用	是＝1；否＝0
	参与程度	愿意增加的成本	实测值

续表

变量		替代变量	定义及赋值
自变量	环境感知	农村环境质量是否变差	否=0；是=1
	环境情感	保护环境是否感到自豪	否=0；是=1
	环境意志	保护环境是否能持续坚持	否=0；是=1
	自然资本	耕地面积	实测值
		平均耕作半径	实测值
	物质资本	是否具有沼气池	是=1；否=0
		是否有运输类工具	是=1；否=0
	经济资本	家庭人均年收入	实测值
		收入来源	务农收入为主=1；其他收入为主=0
	人力资本	家庭劳动力数量	实测值
		教育年限	小学=1；初中=2；高中=3；大专=4；本科及以上=5
		养殖年限	实测值
		身体状况	有病=1，良好=2，健康=3
	社会资本（社会信任）	对村干部的信任度	均不信任=0；信任其中一类=1；信任其中两类=2；均信任=3
		对新闻媒体的信任度	
		对技术推广人员的信任度	
	社会资本（社会参与）	是否参与农业合作社	均未参与=0；参与其中一种=1；均参与=2
		是否参与农业培训	
	符号资本	是否是新型职业农民	均不是=0；是其中一类=1；是其中两类=2；均是=3
		是否是村干部	
		是否是党员	

7.2.3　结果分析

运用DHM分析资本积累对农户养殖废弃物资源化利用行为的影响，结果如表7-5所示。模型Wald卡方值在5%显著性水平上通过检验，表明该模型自变量与因变量之间的拟合程度较好，结果较为科学。其中，环境感知、人均耕地面积、家庭人均年收入显著正向影响农户养殖废弃物资源化利用参与意愿和参与程度，家庭劳动力数量、社会参与、社会地位显著正向影响农户养殖废弃物资源化利用参与意愿，显著负向影响农户养殖废弃物资源化利用参与程度，养殖年限显著负向影响农户养殖废弃物资源化利用参与意愿和参与程度，而其他变量对农户养殖废弃物资源化利用参与意愿和参与程度影响不显著。

表 7-5　农户养殖废弃物资源化利用行为影响因素的估计结果

变量	替代变量	参与意愿		参与程度	
		系数	标准差	系数	标准差
环境感知	农村环境质量是否变差	0.578*	0.120	0.765**	0.423
环境情感	保护环境是否感到自豪	0.231	0.062	0.021	0.010
环境意志	保护环境是否能持续坚持	0.004	0.001	0.382	0.102
自然资本	人均耕地面积	1.290**	1.012	1.083**	0.878
	平均耕作半径	0.390	0.224	1.238	0.453
物质资本	是否具有沼气池	0.403**	0.501	0.345*	1.009
	是否有三轮车	0.123	0.002	1.883	1.304
经济资本	家庭人均年收入	0.873**	1.093	0.798**	2.776
	收入来源	1.102*	0.594	3.108	1.002
人力资本	家庭劳动力数量	1.602***	0.808	-2.933***	1.036
	教育年限	0.325*	0.119	0.324**	0.201
	养殖年限	-0.543**	0.226	-2.325***	1.028
	身体状况	0.593	0.452	-3.098	1.999
社会资本	社会信任	0.333*	0.120	1.230	0.334
	社会参与	1.118**	0.551	-1.093**	2.005
符号资本	社会地位	1.092*	0.283	-2.094**	1.009
常数项		2.091**	0.929	7.933*	3.810
样本量		780			
对数似然值		810.362			
Wald 卡方值		345.994**			

注：*** 表示在 1% 的水平上显著，** 表示在 5% 的水平上显著，* 表示在 10% 的水平上显著。

环境感知显著正向影响农户养殖废弃物资源化利用参与意愿和参与程度，通过 10%、5% 的显著性水平检验。农户感知到农村环境质量越差，参与意愿越强，参与程度越高。农村环境是居民生产生活的空间，是居民赖以生存和发展的基础，农村环境质量较差会严重约束居民的生产效率、降低居民的生活质量，当居民意识到周边环境逐渐变差时，就有可能开始去关注并采取积极措施应对，进

而参与意愿更强、参与程度更高。

人均耕地面积变量显著正向影响农户养殖废弃物资源化利用参与意愿和参与程度，均通过5%的显著性水平检验。不同于川西的草原畜牧业发展模式，调查地区属于典型的农区畜牧业发展模式，种植业和养殖业之间联系很紧密，在倡导养殖废弃物资源化利用的初级阶段，农户养殖废弃物资源化利用的方式较为单一，多数采取堆肥和沼气化处理，而后施用于农作物，所以拥有的耕地面积越大，参与积极性可能越高。

是否具有沼气池变量显著正向影响农户养殖废弃物资源化利用参与意愿和参与程度，通过5%、10%的显著性水平检验。沼气池处理养殖废弃物有多方面的用途（如沼气可燃烧、可照明；沼粪可作为肥料；沼液可浸种、可作为农药），可以提高农户的生产经营效益，对于多数农户而言，沼气池是储存和处理养殖废弃物的主要设备，拥有沼气池的农户参与的可能性越大。

家庭人均年收入变量显著正向影响农户养殖废弃物资源化利用参与意愿和参与强度，均通过5%的显著性水平检验；收入来源变量显著正向影响农户养殖废弃物资源化利用参与意愿，通过10%的显著性水平检验，而对农户养殖废弃物资源化利用参与程度影响不显著。养殖废弃物资源化利用的相关技术作为新型农业生产技术，具有风险高、回报低的特点，必定会增加农户的成本。显然经济实力较强的农户承担风险的能力更强，面临生产成本增加的压力较小。此外，农业生产具有显著的产业异质性特征，在一般情况下，主要从事农业生产活动的农户对养殖废弃物资源化利用的关心程度更高，参与意愿越强、参与程度越高，兼业程度高的农户则缺乏积极性。

家庭劳动力数量变量显著正向影响农户养殖废弃物资源化利用参与意愿，通过1%的显著性水平检验，但显著负向影响农户养殖废弃物资源化利用参与程度，通过1%的显著性水平检验。养殖废弃物资源化利用过程中，栏舍改造、粪污处理配套设施建设、防疫设施建设及后期维护等均需要投入大量的劳动力和时间。调查发现，在愿意治理的样本中，多数农户选择愿意投入劳动力，一方面，劳动力少的家庭会把劳动力投入到经济效益高的生产领域，以提高收入，满足基本生活需求；另一方面，劳动力投入与资金投入具有一定的替代性，当农户投入更多数量的劳动力时，其就有可能减少资金的投入量，将资金投入可获得更大效用的生产生活领域。

教育年限变量显著正向影响农户养殖废弃物资源化利用参与意愿和参与程度，通过10%、5%的显著性水平检验。由于城乡教育投入的不平衡性，一直以来，我国农村居民文化水平较低属于一种较为普遍的现象，调查地区的农村也是如此。文化程度越高的农户，去了解、学习和接受养殖废弃物资源化利用知识及技术的能力越强，速度越快，参与养殖废弃物污染治理的可能性越大、参与程度越高。

养殖年限变量显著负向影响农户养殖废弃物资源化利用参与意愿和参与程度，通过5%、1%的显著性水平检验。这一结果也基本符合现实情况，在调查地区农村，进行农业生产活动的劳动力多为中老年人，养殖年限越长可能导致其形成了固有的传统观念，形成路径依赖，让他们没有意识到养殖废弃物污染对生活环境造成的危害性，导致对养殖废弃物资源化利用认知不足，意愿弱、参与程度低。此外，养殖年限越长的人，年龄可能越大，这些人一般无过多精力去关注或者去参与养殖环境污染治理。

社会信任变量显著正向影响农户养殖废弃物资源化利用参与意愿，通过10%的显著性水平检验，但对农户养殖废弃物资源化利用参与程度影响不显著。村干部代表着一定政府形象，是养殖废弃物资源化利用的宣传者和号召者，农户对村干部的信任度越高，越愿意响应村干部的号召。新闻媒体是传播“三农”时政要闻及政策的通信工具，也是农户获取信息的主要渠道之一，农户对新闻媒体的信任度越高，对新闻媒体发布的环境补贴政策、养殖环境污染事件等的关注度和信任度就越高，可以进一步改变其对养殖废弃物资源化利用的认知，引导其积极参与养殖废弃物资源化利用。农业技术推广人员是农户接触最紧密、最频繁的农业专家，农户对农业技术推广人员的信任度越高，越愿意认可农业技术推广人员讲解的养殖废弃物资源化利用相关的技术和知识，越愿意参与养殖废弃物资源化利用过程中。

社会参与变量显著正向影响农户养殖废弃物资源化利用参与意愿，通过5%的显著性水平检验，但显著负向影响农户养殖废弃物资源化利用参与程度，通过5%的显著性水平检验。合作社作为新型农业经营主体，生产经营管理较为规范，可以在一定程度上指导农户实现一定的标准化养殖，所以在养殖废弃物资源化利用过程中，农业合作社可以适当规范农户行为，提高农户参与意愿，但是由于合作社的各种生产资源具有一定公共物品的属性，农户“搭便车”的行为可能导致其通过利用合作社的资源来满足对养殖废弃物资源化利用的部分需求，进而导致农户个体投入养殖废弃物资源化利用中的资金减少。参与培训的农户拥有更多的技术和知识，投入的资金自然就会减少。

社会地位显著正向影响农户养殖废弃物资源化利用参与意愿，通过10%的

显著性水平检验，但是却显著负向影响农户养殖废弃物资源化利用参与程度，通过5%的显著性水平检验。新型职业农民和村干部作为农村地区具有一定影响力和号召力的群体，比起一般村民更有远见和决策力，社会网络关系更多，见识更广，在养殖废弃物资源化利用过程中具有带头、示范、引领的作用，接受并响应国家政策的速度更快、效率更高，所以养殖废弃物资源化利用参与意愿更强，但是他们与一般农民相比，到外面学习的机会越多，掌握的各种资源也越多，这就有可能导致他们自身的“寻租行为”，利用其身份和权力，在达到同等效用的情况下，减少养殖废弃物资源化利用的资金投入，造成他们的参与程度较低。

7.2.4 稳健性检验

为了检验表7-5中结果的稳健性，同样选择变化样本量的方法，将总体样本划为上游地区、中游地区、下游地区三个子样本，再次运用双栏模型估计参数，结果如表7-6所示，结果与表7-5总体样本估计结果一致，虽然各变量的弹性系数大小发生变化，但是符号未发生变化，表明回归结果较为稳健。

表7-6 农户养殖废弃物资源化利用行为影响因素的稳健性检验结果

变量	替代变量	上游地区		中游地区		下游地区	
		参与意愿	参与程度	系数	参与程度	参与意愿	参与程度
环境感知	农村环境质量是否变差	0.278*	0.220**	0.765**	0.463*	0.029**	0.032*
环境情感	保护环境是否感到自豪	0.261	0.162	0.021	0.210	0.204	0.026
环境意志	保护环境是否能持续坚持	0.004	0.021	0.282	0.112	0.083	0.028
自然资本	人均耕地面积	1.290*	1.213*	1.083**	0.878	1.203**	0.723*
	平均耕作半径	0.350	0.206	0.288	0.053	0.021	0.082
物质资本	是否具有沼气池	0.603**	0.501**	0.345*	0.059**	0.023*	0.823**
	是否有三轮车	0.183	0.032	1.883	1.384	0.682	0.524
经济资本	家庭人均年收入	1.873**	1.593*	1.098**	1.073**	1.092**	1.623**
	收入来源	1.182***	0.894	1.108*	1.072	0.903*	0.666
人力资本	家庭劳动力数量	0.602***	-0.308*	1.933***	-1.096*	0.904**	-0.923*
	教育年限	0.325*	0.319**	0.324**	0.291**	0.224**	0.423**
	养殖年限	-0.683***	-0.126**	-0.325***	-0.028*	-0.934*	-0.304*
	身体状况	0.693	0.552	-1.098	1.999	0.304	0.509

续表

变量	替代变量	上游地区		中游地区		下游地区	
		参与意愿	参与程度	系数	参与程度	参与意愿	参与程度
社会资本	社会信任	0.733*	0.120**	1.230*	1.034*	0.432**	0.203**
	社会参与	0.118**	-0.351**	1.093**	-1.085**	1.092**	-0.930*
符号资本	社会地位	0.392**	-0.283**	2.094**	-1.009***	0.883**	-0.072**
常数项		0.091**	0.029	7.933*	3.810	0.201	0.304

注：***表示在1%的水平上显著，**表示在5%的水平上显著，*表示在10%的水平上显著。

7.3 农户农村垃圾分类行为影响因素分析

7.3.1 研究方法

同理运用双栏模型来分析农户垃圾分类行为的影响因素。模型构建如下：

$$W=\lambda Z+\mu，\mu \sim N(0，1) \tag{7-9}$$

$$Y=\eta X+\zeta，\zeta \sim N(0，\sigma^2) \tag{7-10}$$

$$Y=\begin{cases}W，Y>0 \text{ 且 } W>0\\0，W=0\end{cases} \tag{7-11}$$

$$N=(W，Y \mid \lambda、\eta、\mu、\zeta)=[1-\Phi(\lambda Z)]^{1(w=0)}\{\Phi(\lambda Z)\Phi[(\eta X-\mu)/\sigma]\}^{1(w=0)} \tag{7-12}$$

式（7-8）运用Probit模型来估计农户垃圾分类参与意愿，式（7-10）运用截断正态模型来估计农户垃圾分类参与程度，式（7-11）是式（7-9）和式（7-10）的补充条件，式（7-12）是式（7-9）和式（7-10）互相独立的假说条件下DHM的概率密度函数。式（7-9）中各字母的含义如下：W表示农户垃圾分类参与意愿，当农户愿意参与时，W=1，否则W=0，λ表示自变量Z的待估参数，Z表示影响因素，μ表示随机扰动项，N（0，1）表示标准正态分布；式（7-10）中各字母的含义如下：Y表示农户垃圾分类参与程度，η表示自变量X的待估参数，Z表示影响因素，ζ为随机扰动项，N（0，σ^2）表示以0为均数、标准差为σ的正态分布。式（7-11）和式（7-12）中的字母与式（7-9）和式（7-10）中的字母含义相同。

7.3.2　变量选取

根据现有研究成果和问卷设置的调查内容（贾亚娟和赵敏娟，2020；唐洪松，2020；张书赫和王成军，2020；王瑛等，2020；毛馨敏等，2019），选取如表7-7所示的变量。因变量为垃圾分类参与意愿和参与程度，自变量包括环境感知、环境情感、环境意志、物质资本、经济资本、人力资本、社会资本和符号资本，变量的替代变量及其赋值如表7-7所示。物质资本选取村里是否配置垃圾库一个变量，人力资本选取家庭劳动力人数、教育年限、身体状况三个变量，社会信任从对村干部的信任度、对新闻媒体的信任度、对技术推广人员的信任度三个方面进行测度，社会参与从是否参与农业培训、是否参与农业合作社两个方面进行测度，符号资本从是否是新型职业农民、是否是村干部、是否是党员三个方面进行测度。

表7-7　农户垃圾分类行为变量解释及定义

变量		替代变量	定义及赋值
因变量	参与意愿	是否愿意参与垃圾分类	是=1；否=0
	参与程度	生产成本增加量	实测值
自变量	环境感知	农村环境质量是否变差	否=0；是=1
	环境情感	保护环境是否感到自豪	否=0；是=1
	环境意志	保护环境是否能持续坚持	否=0；是=1
	物质资本	村里是否配置垃圾库	是=1；否=0
	经济资本	家庭人均年收入	实测值
	人力资本	家庭劳动力人数	村里是否配置垃圾库
		教育年限	小学=1；初中=2；高中=3；大专=4；本科及以上=5
		身体状况	有病=1；良好=2；健康=3
	社会资本（社会信任）	对村干部的信任度	均不信任=0；信任其中一类=0；信任其中两类=2；均信任=3
		对新闻媒体的信任度	
		对技术推广人员的信任度	
	社会资本（社会参与）	是否参与农业培训	均未参与=0；参与其中一种=1；均参与=2
		是否参与农业合作社	
	符号资本	是否是新型职业农民	均不是=0；是其中一类=1；是其中两类=2；均是=3
		是否是村干部	
		是否是党员	

7.3.3 结果分析

运用 DHM 分析农户垃圾分类行为的影响因素，结果如表 7－8 所示。模型 Wald 卡方值在 1% 的显著性水平上通过检验，表明该模型自变量与因变量之间的拟合程度较好，结果较为科学。其中，环境认知、物质资本、教育年限显著正向影响农户垃圾分类意愿及参与程度；家庭劳动力人数显著负向影响农户垃圾分类意愿，显著正向影响农户垃圾分类参与程度；社会地位显著正向影响农户垃圾分类意愿，显著负向影响农户垃圾分类参与意愿。

表 7－8　居民垃圾分类行为影响因素的估计结果

变量	替代变量	参与意愿		参与程度	
		系数	标准差	系数	标准差
环境感知	农村环境质量是否变差	0.335 **	0.115	1.045 ***	0.279
环境情感	保护环境是否感到自豪	2.840	1.321	0.834	0.991
环境意志	保护环境是否能持续坚持	1.023	0.827	0.992	0.452
物质资本	村里是否配置垃圾库	0.824 *	0.302	0.392	0.048
经济资本	家庭人均年收入	0.871 **	0.506	1.091 ***	2.274
人力资本	教育年限	0.625 ***	0.178	0.821 **	0.302
	家庭劳动力人数	－0.662 *	0.295	0.994 *	0.378
	身体状况	0.304	0.102	0.374	0.009
社会资本	社会信任	1.032	0.503	－1.580	1.022
	社会参与	0.245	0.123	0.483	0.291
符号资本	社会地位	0.637 **	0.203	－0.384 *	0.043
样本量		780			
对数似然值		1220.350			
Wald 卡方值		508.10 ***			

注：*** 表示在 1% 的水平上显著，** 表示在 5% 的水平上显著，* 表示在 10% 的水平上显著。

环境感知变量显著正向影响居民垃圾分类意愿和参与程度，通过 5%、1% 的显著性水平检验。表明居民感知到农村环境质量越差，分类意愿越强，参与程度越高。农村环境是居民生产生活的空间，是居民赖以生存和发展的基础，农村环境质量较差会严重约束居民的生产效率、降低居民的生活质量，当居民意识到周边环境逐渐变差时，就有可能开始去关注并参与垃圾污染的治理，进而参与意愿更强。

物质资本变量显著正向影响居民垃圾分类意愿，通过10%的显著性水平检验，但对参与程度影响不显著。表明村庄配置有垃圾库，分类意愿更强。垃圾库是贮存、转运和处理生活垃圾的主要设备，基础设施的完善可以提高垃圾处理效率和能力，进一步提高居民垃圾的分类意愿，但这也有可能导致居民认为没有必要再对垃圾分类处理支出相应的环境补偿费用。

经济资本变量显著正向影响居民垃圾分类意愿和参与程度，通过5%、1%的显著性水平检验。表明家庭人均年收入越高，分类意愿越强、参与程度越高。垃圾分类作为环境治理的一项举措，具有高成本（时间、人力、物力）、低回报的特点。分类标准的学习、人力的投入、垃圾袋和垃圾箱的购买等均会增加居民成本。显然经济实力较强的居民承担能力更强，面临成本增加的压力较小，所以其分类意愿更强、参与程度更高。

教育年限变量显著正向影响居民参与意愿和参与程度，通过1%、5%的显著性水平检验。表明文化程度越高的农户，分类意愿越强、参与程度越高。多数研究证明了文化水平对居民决策行为有积极作用。在垃圾分类过程中，文化程度越高的居民，环境敏锐度可能越高、环境意识可能越强，去了解、学习相关政策文件以及垃圾分类处理知识及技术的能力越强，速度越快，其分类的可能性越大、参与程度越高。

家庭劳动力人数显著负向影响居民垃圾分类意愿，通过10%的显著性水平检验，但显著正向影响参与程度，通过10%的显著性水平检验。表明家庭人口数量越多的居民，分类意愿越弱，参与程度越高。家庭人口数量越多产生的垃圾越多，垃圾构成可能越复杂，部分居民认为垃圾分类会造成劳动力和时间的浪费，劳动力和资金作为农业生产最重要的生产要素，具有一定替代性，作为有限理性"经济人"，居民可能将劳动力和时间投入到其可以获得更大效用和收益的其他领域。所以其分类意愿更弱，参与程度更高。

社会地位显著正向影响居民垃圾分类意愿，通过5%的显著性水平检验，但显著负向影响参与程度，通过10%的显著性水平检验。表明具有新型职业农民、村干部、党员身份的居民，分类意愿更强、参与程度更低。新型职业农民、村干部和党员作为农村地区具有一定影响力和号召力的群体，比起一般村民更有远见和决策力，社会网络关系更多、见识更广，在垃圾分类过程中可以起到带头、示范、引领的作用，接受并响应国家政策的速度更快、效率更高，所以其分类意愿更强；但是他们与一般农民相比，掌握各种社会资源也越多，到外面学习的机会也越多，这就可能导致他们自身的“寻租行为”，利用其身份，在达到同等效用的情况下，减少垃圾分类的资金投入，造成他们的参与程度较低。

7.3.4 稳健性检验

为了检验表7－8中结果的稳健性，同样选择变化样本量的方法，将总体样本划为上游地区、中游地区、下游地区三个子样本，再次运用双栏模型估计参数，结果如表7－9所示，结果与表7－8总体样本估计结果一致，虽然各变量的弹性系数大小发生变化，但是符号未发生变化，表明回归结果较为稳健。

表7－9 农户居民垃圾分类行为影响因素的稳健性检验结果

变量	替代变量	上游地区		中游地区		下游地区	
		参与意愿	参与程度	参与意愿	参与程度	参与意愿	参与程度
环境感知	农村环境质量是否变差	0.335**	0.213*	1.045***	0.279*	0.075***	0.379*
环境情感	保护环境是否感到自豪	0.840	0.221	0.334	0.291	0.389	0.261
环境意志	保护环境是否能持续坚持	0.023	0.628	0.392	0.652	0.190	0.552
物质资本	村里是否配置垃圾库	0.324**	0.302*	0.328	0.048*	0.398*	0.208*
经济资本	家庭人均年收入	0.871**	0.806	0.091***	0.274*	0.293***	0.470*
人力资本	教育年限	0.625***	0.178*	0.526**	0.372*	0.506**	0.302*
	家庭劳动力人数	－0.662*	0.295**	－0.994*	0.378*	－0.294*	0.278*
	身体状况	0.304	0.902	0.476	0.209	0.376	0.507
社会资本	社会信任	0.032	－0.573	1.080	－0.022	0.086	－0.322
	社会参与	0.945	0.920	0.483	0.291	0.443	0.271
符号资本	社会地位	0.337**	－0.203*	0.384*	－0.043**	0.304*	－0.243**

注：***表示在1%的水平上显著，**表示在5%的水平上显著，*表示在10%的水平上显著。

7.4 农户生活污水治理行为影响因素分析

7.4.1 研究方法

同理运用双栏模型来分析农户污水治理行为影响因素。模型构建如下：

$$W = \lambda Z + \mu, \ \mu \sim N(0, 1) \tag{7-13}$$

$$Y = \eta X + \zeta, \ \zeta \sim N(0, \sigma^2) \tag{7-14}$$

$$Y = \begin{cases} W, & Y > 0 \text{ 且 } W > 0 \\ 0, & W = 0 \end{cases} \tag{7-15}$$

$$N = (W, Y \mid \lambda、\eta、\mu、\zeta) = [1 - \Phi(\lambda Z)]^{1(w=0)} \{\Phi(\lambda Z)\Phi[(\eta X - \mu)/\sigma]\}^{1(w=0)} \tag{7-16}$$

式（7－13）运用Probit模型来估计农户生活污水治理参与意愿，式（7－14）运用截断正态模型来估计农户生活污水治理参与程度，式（7－15）是式（7－13）和式（7－14）的补充条件，式（7－16）是式（7－13）和式（7－14）互相独立的假说条件下DHM的概率密度函数。式（7－13）中各字母的含义如下：W表示农户生活污水治理参与意愿，当农户愿意参与时，W＝1，否则W＝0，λ表示自变量Z的待估参数，Z表示影响因素，μ表示随机扰动项，N（0，1）表示标准正态分布；式（7－14）中各字母的含义如下：Y表示农户生活垃圾分类参与程度，η表示自变量X的待估参数，Z表示影响因素，ζ为随机扰动项，N（0，σ^2）表示以0为均数、标准差为σ的正态分布。式（7－15）和式（7－16）中的字母与式（7－13）和式（7－14）中的字母含义相同。

7.4.2　变量选取

根据现有研究成果和问卷设置的调查内容（马鹏超和朱玉春，2021；苏淑仪等，2020；方正等，2020），选取如表7－10所示的变量。选取集体认可、干群沟通、个体特征、家庭特征、环境认知、环境规制、外部因素作为自变量。从三个方面测度集体认可：一是农户对社区和集体的归属感，二是农户对社区成员三观的认可度，三是农户对社区管理方式的认可度。在调查问卷中，设置“您对集体有归属感吗”“您与社区其他成员的三观一致，如果他们参与社区活动，您也会积极参与吗”“您认可当前社区的管理方式吗”三个题项作为公众集体认可的替代变量。从两个方面测度干群沟通：一是农户与基层官员交流畅通程度，二是基层官员环境问题反馈重视程度。在调查问卷中，设置“基层官员亲民，与我关系好，经常就环境问题进行沟通交流”“基层官员非常重视我反馈的环境问题，且能帮助我解决”两个题项作为干群沟通的替代变量。

个体特征选取被调查者的性别、文化程度、年龄三个变量，家庭特征选取人口数量、家庭年收入两个变量；环境认知选取水生态环境质量变化认知、水环境综合治理重要性认知两个变量，设置“最近几年，您觉得周边水域环境的质量如何”“水环境综合治理试点政策执行，对于改善水环境质量的重要性如何”两个题项来反映公众认知；环境规制选取惩罚机制和激励机制两个变量，设置“破坏生态行为的处罚力度有多大”“保护生态行为的奖励力度有多大”两个题项来反映环境规制；外部因素选取污水处理站数量、水质监测点数量两个变量。

表7－10　变量定义及赋值

变量类别	变量名	变量赋值
农户生活污水治理行为	支付意愿	是＝1；否＝0
	支付强度	实测值
集体认可	社区归属感	完全没有＝1；没有＝2；一般＝3；有＝4；完全有＝5
	三观认同度	完全不认可＝1；不认可＝2；一般＝3；认可＝4；完全认可＝5
	管理方式认可度	完全不认可＝1；不认可＝2；一般＝3；认可＝4；完全认可＝5
干群沟通	环境问题交流畅通度	非常容易＝1；不容易＝2；一般＝3；容易＝4；非常容易＝5
	环境问题反馈重视度	极不重视＝1；不重视＝2；一般＝3；重视＝4；极重视＝5
个体特征	性别	男＝1；女＝2
	年龄	实测值
	文化程度	小学及以下＝1；初中＝2；高中＝3；大专＝4；本科及以上＝5
家庭特征	家庭人口数	实测值
	家庭年收入	实测值
环境感知	水生态环境质量变化认知	极差＝1；较差＝2；一般＝3；较好＝4；极好＝5
	水环境治理重要性认知	极不重要＝1；不重要＝2；一般＝3；重要＝4；极重要＝5
环境规制	惩罚机制	极小＝1；较小＝2；一般＝3；较大＝4；极大＝5
	激励机制	极小＝1；较小＝2；一般＝3；较大＝4；极大＝5
外部因素	污水处理站数量	实测值
	水质监测点数量	实测值

7.4.3 结果分析

运用 DHM 分析农户生活污水治理行为的影响因素，结果如表 7－11 所示。模型 Wald 卡方值在 10% 的显著性水平上通过检验，表明该模型自变量与因变量之间的拟合程度较好，结果较为科学。

表 7－11 农户生活污水治理行为影响因素估计结果

变量		参与意愿	标准差	参与程度	标准差
集体认可	社区归属感	0.062	0.017	0.436	0.104
	三观认同度	0.339*	0.022	0.328***	0.109
	管理方式认可度	0.144**	0.029	0.226**	0.092
干群沟通	环境问题交流畅通度	0.568**	0.138	0.773***	0.248
	环境问题反馈重视度	1.001*	0.290	0.134*	0.040
个体特征	性别	－0.326**	0.169	－0.135***	0.028
	文化程度	0.123*	0.012	0.254*	0.068
	年龄	－0.587**	0.163	－0.115***	0.045
家庭特征	家庭人口数量	0.493**	0.095	－0.757*	0.290
	家庭年收入	0.468***	0.108	0.199*	0.013
环境感知	水生态环境质量变化认知	0.405***	0.173	0.267	0.006
	水环境治理重要性认知	0.531***	0.116	0.613*	0.239
环境规制	惩罚机制	0.115	0.005	1.214	0.626
	激励机制	0.191**	0.008	0.143*	0.079
外部因素	污水处理站数量	－0.073***	0.043	－0.167*	0.005
	水质监测点数量	0.066	0.089	0.551	0.180
样本量		780			
对数似然比		－741.290			
Wald 卡方值		0.083*			

注：*** 表示在 1% 的水平上显著，** 表示在 5% 的水平上显著，* 表示在 10% 的水平上显著。

集体认可变量正向影响农户支付意愿和支付程度，但影响不显著。可能由于城镇化快速推进导致农村人口不断减少，农村社区社会结构逐渐由“熟人”社会向“半熟人”社会转变，“熟人”社会参与公共治理的职能被削弱，但是农户的集体荣誉感依然存在，尤其在新时代国家行政主导下的环境公共管理活动面前

（如农村人居环境整治、退耕还林、低碳试点城市建设、垃圾分类等），多数农户有正确的集体观和大局观，行为更容易受到集体行动和集体目标的影响，倾向于参与水污染治理，希望得到集体的肯定和赞美，能获得水环境改善后的荣誉感和自豪感。

三观认同度显著正向影响农户支付意愿和支付程度，通过10%、1%的显著性水平检验。在沱江流域（内江市段）开展水环境综合治理之前，沱江干流及支流水体环境受到不同程度的污染，黑臭水体较多，水环境质量较差，严重影响公众的生产效率和生活质量，公众迫切希望改善水生态环境，在水环境综合治理过程中有共同的环境诉求，价值观趋同，在同样的观念体系中，公众的担当意识、集体意识、民权意识会潜移默化地提高农户参与意识。

管理方式认可度显著正向影响农户支付意愿和支付程度，均通过5%的显著性水平检验。社区管理是政府行政力量在众多公共管理中的缩影。近年来，内江市村庄治理不断民主化、公开化和科学化，管理方式被广大公众所接受。对社区管理方式认同度越高的公众个体，可能对国家开展的水环境综合治理试点工作持欢迎和肯定态度，在一定程度上会提高农户参与的积极性。

环境问题交流畅通度显著正向影响农户支付意愿和支付程度，通过5%、1%的显著性水平检验。新时期的基层官员改变了以往“谨言慎行、正襟危坐、不随便表态”的刻板形象，时常出现在生产生活的第一线，充分去了解农户的生产生活情况，基层官员的这种亲民行为会提高农户对政府的好感，能与农户建立起相互支持、相互信任的良性互动关系，充分发挥公众与政府部门之间沟通桥梁的作用，有利于提高农户参与意愿。

环境问题反馈重视度显著正向影响农户支付意愿和支付程度，均通过10%的显著性水平检验。有沟通无反馈的交流显然是无效的或者低效率的。调查中获悉，内江市政府高度重视公众反映的环境问题，接到公众电话、邮箱等环境投诉及举报后，立即组织工作人员对环境现场进行勘察并及时与公众沟通交流，同步采取相应措施给予解决和反馈，与公众建立起及时沟通和迅速反馈的交流机制，改变了以往“走过场”的反馈形式，大大提高了农户参与水环境综合治理的积极性。

性别显著负向影响农户支付意愿和支付程度，通过5%、1%的显著性水平检验。一般而言，男性比女性更加热衷关注国家大事和社会事件，决策能力和速度快，更愿意主动参与集体活动，符合我国传统“女主内，男主外”的社会特征，所以男性的流域生态补偿参与程度高于女性。

文化程度显著正向影响农户支付意愿和支付程度，均通过10%的显著性水平检验。受教育程度越高的农户响应国家政策的速度更快，对生态环境重要性的认识更深刻，在水环境综合治理过程中还能发挥带动作用，所以文化程度高的农户参与程度越高。

年龄显著负向影响农户支付意愿和参与程度，通过5%、10%的显著性水平检验。年龄越大的农户对环境问题的关注度不高，精力有限、思想越保守，参与程度较低；而年青一代在“绿色发展、美丽新中国建设”等理念的熏陶下，大局观念较强，对生活环境质量的要求也较高，所以参与程度相对较高。

家庭人口数量显著正向影响农户支付意愿，通过5%的显著性水平检验，但显著负向影响支付程度，通过10%的显著性水平检验。一方面，人口数量越多的家庭，生活用水量可能越大，产生的污水可能更多，需要交纳的生态补偿税费可能越多；另一方面，人口数量越多的家庭，生活开支可能也越大，生活成本较高。作为有限理性“经济人”，农户就不愿意投入资金进行生态补偿，其参与程度就相对较低。

家庭年收入显著正向影响农户支付意愿和支付程度，通过1%、10%的显著性水平检验。生态补偿会增加农户生产生活的机会成本和经济成本，对于低收入家庭，一般不愿意支付资金用于污水处理和流域修复，而是将其投入到可以提高其效用和效率的生产生活领域；而对于高收入家庭，可能越重视环境质量，不太关注生态补偿造成的机会成本和生活成本增加，所以其参与程度可能更强，这也符合“环境库兹涅茨假说”。

惩罚机制对农户支付意愿和支付程度影响不显著。可能的解释是，我国针对环境破坏行为出台了一系列法律法规，但是这些环境规制主要针对规模性生产者，对个体环境行为的约束能力非常有限，所以对农户支付意愿和支付程度极弱。

激励机制显著正向影响农户支付意愿和支付程度，通过5%、10%的显著性水平检验。一方面，居民的环境友好型行为可以获得相应的物质和资金补偿，在一定程度上可以降低公众机会成本和生活成本；另一方面，居民的环境友好型行为可获得社会的认可和赞美，提高农户行为的成就感，这都利于提高农户水污染支付意愿和参与程度。

污水处理站数量显著负向影响农户支付意愿和参与程度，通过1%、10%的显著性水平检验。污水收集管网越发达以及污水处理站数量越多，农户可能会认为政府部门有足够的能力解决污水排放导致的环境问题，不需要公众进行生态补偿，进而降低了其参与程度。

7.4.4 稳健性检验

为了检验表 7－11 中结果的稳健性，同样选择变化样本量的方法，将总体样本划为上游地区、中游地区、下游地区三个子样本，再次运用双栏模型估计参数，结果如表 7－12 所示，结果与表 7－11 总体样本估计结果一致，虽然各变量的弹性系数大小发生变化，但是符号未发生变化，表明回归结果较为稳健。

表 7－12 农户生活污水治理支付行为影响因素的稳健性检验结果

变量	替代变量	上游地区		中游地区		下游地区	
		参与意愿	参与程度	参与意愿	参与程度	参与意愿	参与程度
集体认可	社区归属感	0.160	0.117	0.236	0.174	0.304	0.920
	三观认同度	0.389*	0.122	0.338***	0.159	0.203*	0.102*
	管理方式认可度	0.184**	0.029***	0.206**	0.092**	0.273**	0.364**
干群沟通	环境问题交流畅通度	0.508**	0.438*	0.773***	0.248*	0.930**	0.204**
	环境问题反馈重视度	1.021*	0.290*	0.134*	0.040*	0.304**	0.039*
个体特征	性别	-0.366**	-0.109*	-0.135***	-0.328**	0.030**	-0.824*
	文化程度	0.166*	0.312*	0.754*	0.768*	0.773*	0.555**
	年龄	-0.087**	-0.163**	-0.185***	-0.145**	-0.222**	0.398**
家庭特征	家庭人口数量	0.693**	-0.395**	-0.757*	0.290**	0.045*	-0.293**
	家庭年收入	0.268***	0.188*	0.139*	0.213*	0.040*	0.094*
环境感知	水生态环境质量变化认知	0.405***	0.173*	0.207**	0.106**	1.023*	0.394**
	水环境治理重要性认知	0.531***	0.516*	0.683*	0.239**	0.304**	0.406**
环境规制	惩罚机制	0.115	0.005	1.214	0.626	0.204	0.873
	激励机制	0.191**	0.018*	0.143**	0.059**	0.661*	0.102**
外部因素	污水处理站数量	-0.083	-0.243	-0.167*	-0.005*	-0.056	-0.305

注：*** 表示在 1% 的水平上显著，** 表示在 5% 的水平上显著，* 表示在 10% 的水平上显著。

7.5 本章小结

本章基于调研数据，运用双栏模型分析农户绿色化肥施用行为、农户养殖废弃

物资源化利用行为、农户垃圾分类行为和农户生活污水治理行为的影响因素，得到以下结论：

第一，环境感知、家庭人均年收入、教育年限和社会地位显著正向影响农户绿色化肥施用意愿和强度，耕地面积和种植年限显著负向影响农户绿色化肥施用意愿和强度，其他变量对农户绿色化肥施用意愿和强度影响不显著。

第二，环境感知、人均耕地面积、家庭人均年收入显著正向影响农户养殖废弃物资源化利用参与意愿和参与程度；家庭劳动力数量、社会参与、社会地位显著正向影响农户养殖废弃物资源化利用参与意愿，显著负向影响农户养殖废弃物资源化利用参与程度；养殖年限显著负向影响农户养殖废弃物资源化利用参与意愿和参与程度；而其他变量对农户养殖废弃物资源化利用参与意愿和参与程度影响不显著。

第三，环境感知、物质资本、教育年限显著正向影响农户垃圾分类意愿及参与程度；家庭劳动力人数显著负向影响农户垃圾分类意愿，显著正向影响农户垃圾分类参与程度；社会地位显著正向影响农户垃圾分类意愿，显著负向影响农户垃圾分类参与意愿。

第四，集体认可、干群沟通、文化程度、家庭年收入、环境感知、环境规制显著正向影响农户生活污水治理支付意愿和支付强度；性别、年龄、污水处理站数量显著负向影响农户生活污水治理支付意愿和支付强度；家庭人口数量显著负向影响农户生活污水治理支付意愿，显著正向影响支付强度。

第8章　沱江流域农业非点源污染治理的措施建议

沱江流域虽然是四川省经济发展水平较高的地区，但是内部发展差异显著，农业仍然是推动大部分地区经济发展的重要基础，但农业发展给环境造成的压力也较大，加强农业非点源污染治理，实现经济发展与环境保护协调发展尤为重要。综合前文研究结果，提出沱江流域农业非点源污染治理的具体措施。

8.1　基本原则

8.1.1　采取“政策激励为主导，法律管制为补充”的治理方式

政府的干预机制对规制农业发展中的主体行为极其重要。农业农村环境属于典型的公共物品，农户在农业非点源污染治理过程中“搭便车”现象甚是普遍，依靠市场机制治理的效率较低，需要政府介入制定相应的激励政策和管控规制。要达成多方利益主体共同参与农业非点源污染治理的一致性集体行动，中央政府必须进行监督、补偿等积极干预行为。调查研究发现，沱江流域农业非点源污染（化肥施用、养殖发展、生活垃圾及生活污水排放）在很大程度上受到农户行为的影响，且农户文化程度低，法律意识淡薄，仅依靠管控规制来规范农户行为，则会大大增加政府的成本。因此在立法的基础上，应该重点利用生态补偿的方式来调控农户行为，进而在一定程度上降低农户生产及生活成本，激发农民进行有利于生态环境的生产生活行为，是农业非点源污染治理的根本所在。

8.1.2　构建“生态补偿为主导，多种措施为补充”的治理体系

由于农业非点源污染有很强的外部性，完全由农户来承担环境治理成本是不科学的，而且农户作为弱势群体，对农民征收生态税费，与目前国家脱贫攻坚、乡村振兴进而实现全面建成小康社会的目标相违背，会打击农民生产积极性和引起对政府的不满。因此，对沱江流域农业非点源污染治理而言，应该以生态补偿为主导，构建全流域农业生态补偿机制，将补贴与农民绿色生活生产行为挂钩，对采取施用测土配方肥和生物农药、免耕、废弃物资源化利用（能源化、饲料化、基质化、肥料化等）、垃圾分类等环境友好型行为的农户进行适当补贴。同时，辅以法律制度、工程技术等治理措施，是农业非点源污染治理的关键所在。

8.1.3　采取“源头治理为主导，末端治理为补充”的治理模式

要解决农业非点源污染问题，还是要必须加强源头治理，推行绿色农业生产生活和全程管控。如采用环境友好型的生产资料和技术，如绿色化肥、生物农药、免耕技术、养殖废弃物资源化利用技术（能源化、基质化等）；针对农业生产生活已经造成的污染，如黑臭水体、垃圾山等环境问题采取相应的工程技术进行末端治理，并进行生态修复。

8.2　具体措施

8.2.1　进一步健全农业非点源污染法律法规

2019 年 5 月 23 日四川省第十三届人民代表大会常务委员会第十一次会议通过了《四川省沱江流域水环境保护条例》，其中，第三章第三十八条规定“县级以上地方人民政府应当组织生态环境、农业农村等主管部门制定农业面源污染综合防治方案，控制和削减农业面源污染物进入水体，降低对流域水环境的危害”。第三十九条规定“市、县级人民政府应当组织生态环境、农业农村等主管部门划定畜禽养殖禁养区”。第四十条规定“县级以上地方人民政府农业农村主管部门应当加强对水产养殖业的监督管理和指导，鼓励水产养殖生产者采取措施，推广稻渔综合种养、流水养殖、循环水养殖等健康生态养殖模式和技术，加强养殖投

入品管理，禁止使用含有毒有害物质的饵料、鱼药和鱼饲料，防止水产养殖业污染”，但是目前尚未制定农业非点源污染治理细则，建议在省政府层面上制定《四川省沱江流域农业非点源污染防治细则》，并从不同地区农业农村发展和环境保护工作实际出发，制定区域性或地方性的农业农村环境保护法规，细化、落实生产（化肥、农药、地膜等生产资料，秸秆及畜禽粪尿）及生活（垃圾、污水等）不同污染源的治理规范，并进一步强化主要农业非点源污染的单项管理制度。

8.2.2 完善农业非点源污染协同治理体系

单个利益主体治理流域农业非点源污染缺乏动力，成立合作运行平台是在现制度下缓解各利益主体合作困境相对比较可行的途径。美国田纳西河流域建立了联邦政府田纳西河流域管理局，淮河流域建立了淮河水利委员会，这些专职机构在流域治理规制、协调各方利益主体、组织环境非政府组织参与等方面发挥了重要的作用。沱江流域可借鉴成立相应专职管理平台，这不仅需要依靠流域地方政府之间自主协商来推动建立，还需要由四川省和中央政府的行政权威干预强力推动建立起覆盖全流域的管理制度。在“中央政府—四川省政府—流域沿线政府”间的纵向“委托—代理”协同治理模式的基础上，逐步完善“德阳—成都—资阳—眉山—内江—自贡—宜宾—泸州”间的横向“协商—合作”协同治理模式以及“地方政府—农户—企业—环境 NGO”间的纵向“引导—合作”协同治理模式，进而整合政府治理机制、市场治理机制和社会治理机制，打破农业非点源污染治理长期存在的“囚徒困境”和“搭便车”问题，构建起“政府—市场—公众”共治模式，促进农业非点源污染治理中多元主体集体行动的形成和统一目标的达成。

8.2.3 建立农业非点源污染监测预警机制

根据沱江流域“三农”发展状况，根据农业生产资料使用量、养殖规模、人口规模、环境基础设施等因素，借鉴国外相关监测技术，研究发展适用于沱江流域的监测技术和方法，组织开展农村农业非点源污染排查识别，确定污染源和污染状况，综合分析农业非点源污染的污染成因，建立农业非点源污染的环境风险综合评价指标体系，科学确定全流域农业资源的开发利用强度以及各种污染物的排放强度，建立国控断面、省控断面以及市控断面三级监测预警点，并在生态脆弱区、生态重要区以及农业生产大区建立监测点，建立起环境风险预警系统。

8.2.4 建立农业非点源污染生态补偿机制

在农业非点源污染防治过程中，由于存在“逆向选择”的现象，农业生产经营主体对环境友好型产品及技术的预期持续不断下跌，提供环境友好型产品及技术的供给者持续不断退出市场，环境友好型产品及技术退出市场后，农业生产经营主体就普遍采用传统产品及技术而导致农业非点源污染得不到控制。因此，必须建立生态补偿机制。生态补偿机制是促进资源环境与经济协调发展的重要政策工具，目前在全球范围内运用得较为成熟，并取得了较好的成效，针对沱江流域的实际情况，也可以运用生态补偿来治理农业非点源污染。2018年9月底成都市、自贡市、泸州市、德阳市、内江市、眉山市、资阳市7个沱江流域市签署了《沱江流域横向生态保护补偿协议》，约定2018~2020年，7市每年共同出资5亿元，设立沱江流域横向生态补偿资金，但是对农业领域的环境污染补偿问题未做明确的规定，建议省政府和沿线地方政府按照“谁保护、谁受益”“谁改善、谁得益”“谁贡献大、谁多得益”的原则，进一步完善《沱江流域横向生态保护补偿协议》，从每年共同出资5亿元的横向生态补偿资金中提取一部分（标准可以按照沱江流域第一产业产值占全流域地区生产总值的比重来确定）作为农业非点源污染生态保护补偿资金，对于进行技术研发的企业和采取绿色生产生活行为（可参考《农业绿色发展技术导则（2018—2030年）》中对农业绿色发展技术体系的规定）的农户进行补偿。

8.2.5 强化环境友好型技术研发和示范推广

发展绿色、有机、无公害农业，推广农业节肥节药、绿色防控、测土配方施肥技术，推进畜禽—沼—果（菜、粮）、秸秆—食用菌—有机肥/饲料、林（果）—草—畜禽（鸡、兔）等种养循环模式在种养大户、农业基地中广泛应用。提高农作物秸秆资源化利用效率，构建秸秆收储服务体系，提高畜禽粪便资源化利用效率，加快推进畜禽粪便肥料化、能源化、基质化。建议省政府以沱江流域水环境综合治理试点为契机，在内江市建立沱江流域农业非点源污染综合治理示范区，由四川省人民政府牵头，负责统筹协调，科研院校和相关企业进行技术研发，环保部门、农业农村部门、水利部门等单位组织实施。重点围绕畜禽养殖粪便、农村生活污水、化肥农药等领域，实施农业非点源污染综合治理技术的研发和试点示范。为了起到以点带面的示范作用，建议还可选择沱江流域上游德阳市、下游泸州市的部分区县建立农业非点源污染综合治理示范点。

8.2.6 建立农业非点源污染治理宣传机制

第一，将农业环境污染教育纳入各级政府工作人员培训体系中，定期邀请市级、省级和国家层面的相关环境专家开展讲座，或者外出进行学习，并组织学习《党政领导干部生态环境损害责任追究办法（试行）》等法律法规，实现政府部门工作人员环境教育制度化。建议将环境教育纳入新型职业农民培训、农村实用人才带头人培训、乡村创业培训、大学生村干部培训等农村人才培养教学计划中，依托当地现代农业示范园建立乡村环境文明教育基地，并结合当地水环境综合治理、垃圾处理、农村人居环境整治等实践项目开展环境教育，实现农民环境教育规范化。

第二，将生态文明教育纳入全区中小学教学计划，招聘专门的教师或者对本地教师进行生态文化教育培训，组建生态文明教育的师资队伍；通过渗透式教育，在生物、化学、地理等基础课堂上进行讲解，或者开设专门课程，结合水环境综合治理、城乡垃圾处理、农村人居环境整治等实践项目开展生态文明教育，每学期不得少于 4 学时；同时建立生态文明教育基地，进一步推广生态文明教育。

第三，发挥社区、村委的作用，每个季度举办环保读书、环保电影放映、环保作品展示等活动，在世界环境日、世界地球日、世界水日、中国植树节、中国土地日等主题节日举办主题宣传等活动，让生态文明逐渐深入人心。倡导居民践行绿色生活方式，如家庭旧物交换、垃圾分类、节电节能等。引导农民践行绿色生产方式，如施用绿色有机化肥、使用生物农药、秸秆资源化利用等。

第9章　研究结论与研究展望

9.1　研究结论

第一，基于四川省及各地级市的统计年鉴数据，运用系数法估算了沱江流域种植业和养殖业发展对环境造成的风险，判断了风险等级。研究发现：①沱江流域化肥施用的环境风险指数为0.65，处于中等风险水平，表明化肥过量投入带来的风险和危害超出有效控制范围；其中有6个区（县、市）处于安全状态，占15.38%；有10个区（县、市）处于低度风险状态，占25.64%；有20个区（县、市）处于中度风险状态，占51.28%；有3个区（县、市）处于紧急风险状态，占7.69%。郫都区、什邡市和罗江区应该成为化肥污染控制的有限区域。②沱江流域养殖废弃物排放的环境风险指数为0.90，表明养殖业发展已经超过了环境的承载能力；其中，无危害区5个，占12.82%；稍有危害区8个，占20.51%；有危害区15个，占38.40%；危害较严重区6个，占15.38%；危害严重区4个，占10.26%，危害很严重区1个，占2.56%，旌阳区、中江县、广汉市、龙马潭区和茂县应该成为养殖污染治理的优先区域。

第二，运用环境库兹涅茨曲线检验化肥施用强度与农业经济增长是否存在倒"U"型曲线关系、养殖污染排放强度与牧业经济增长是否存在倒"U"型曲线关系；运用Tapio脱钩模型判断化肥施用量与农业经济之间的脱钩关系、养殖污染排放量与牧业经济增长之间的脱钩关系。研究发现：①沱江流域主要城市化肥施用强度与农业生产总值之间存在倒"U"型曲线关系，且均已跨过了倒"U"型曲线的波峰点；沱江流域主要城市牲畜粪尿污染排放强度与牧业经济增长存在倒“U”型曲线关系，且均已跨过了倒“U”型曲线的波峰点。②沱江流域主要城市化肥施用量与农业生产总值之间的脱钩关系以弱脱钩和强脱钩两种类型为主，实现了由弱脱钩向强脱钩的转变，随着《到2020年化肥使用量零增长行动方案》的执行，化肥施用强度不断下降，种植业对农业环境造成的压力不断减轻；沱江流域主要城市养殖粪污排放量与牧业生产总值之间的脱钩关系以弱脱钩和强脱钩两种类型为主，由于养殖业发展受到非洲猪瘟及环保禁养规制的影响，养殖粪污排放量与牧业生产总值之间脱钩关系变化较快，并未出现稳定的强脱钩状态，但近年养殖规模化发展速度快，养殖废弃物资源化利用率不断提高，养殖业发展对环境的压力有所减轻。

第三，基于实地调研数据，从农户绿色化肥施用行为、养殖废弃物资源化利用行为、农村垃圾处理行为、农村生活污水治理行为四个方面分析沱江流域农业非点源污染治理过程中的农户行为特征。研究发现：①农户化肥施用的决策依据多样，化肥施用量有减少的趋势；农户对化肥造成的环境污染具有深刻认识，但对化肥污染治理的法律意识淡薄；农户绿色化肥施用意愿不高，参与程度较低。②农户养殖废弃物处理设施较为传统，对养殖粪便主要采取还田的方式，对死畜主要采取填埋的方式；对畜禽规模养殖污染的法律意识淡薄，对畜禽养殖废弃物造成的环境污染认识较为全面，但关注度较低；养殖废弃物资源化利用意愿较低，参与程度低。③农户表示农村垃圾处理基础设施建设和配置不健全，对国家垃圾分类政策和分类标准的知晓度较低；农户生活垃圾多样，以废书纸和剩菜剩饭为主；对可回收垃圾以卖给废品站的处理方式为主，对不可回收垃圾的处理方式多采取堆肥处理和村集中处理；农户垃圾分类意愿较高，但参与程度低。④居民节水意识较高，但节水设备需要进一步推广；多数农户认为周边环境质量“一般”，对生活污水治理必要性认知度高；农户污水治理参与意愿高，参与方式多样；农户生活污水治理补偿强度较低，补偿方式多样。

第四，依托实地调研数据，运用双栏模型来研究农户农业非点源污染治理行为的影响因素。研究发现：①环境感知、家庭人均年收入、教育年限和社会地位显著正向影响农户绿色化肥施用意愿和强度，耕地面积和种植年限显著负向影响农户绿色化肥施用意愿和强度，其他变量对农户绿色化肥施用意愿和强度影响不显著。②环境感知、人均耕地面积、家庭人均年收入显著正向影响农户养殖废弃物资源化利用参与意愿和参与程度；家庭劳动力数量、社会参与、社会地位显著正向影响农户养殖废弃物资源化利用参与意愿，显著负向影响农户养殖废弃物资源化利用参与程度；养殖年限显著负向影响农户养殖废弃物资源化利用参与意愿和参与程度；而其他变量对农户养殖废弃物资源化利用参与意愿和参与程度影响不显著。③环境感知、物质资本、教育年限显著正向影响农户垃圾分类意愿及参与程度；家庭劳动力人数显著负向影响农户垃圾分类意愿，显著正向影响农户垃圾分类参与程度；社会地位显著正向影响农户垃圾分类意愿，显著负向影响农户垃圾分类参与意愿。④集体认可、干群沟通、文化程度、家庭年收入、环境感知、环境规制显著正向影响农户生活污水治理支付意愿和支付强度；性别、年龄、污水处理站数量显著负向影响农户生活污水治理支付意愿和支付强度；人口数量显著负向影响农户生活污水治理支付意愿，显著正向影响支付强度。

9.2 研究展望

受到统计资料、研究方法和研究时间的限制，本书还存在很多不足之处，该研究领域还有很多问题值得继续深入研究：

第一，农业非点源污染源构成复杂，本书未对农药施用、地膜使用、农村生活污水排放对环境造成的风险进行评估，也没有分析这些污染源与经济发展之间的关系。今后，农业部门可尝试对农业非点源污染数据进行专门的监测统计，建立完整、系统、全面的农业非点源污染源清单，不仅有利于研究者用于学术研究，也可为农业非点源污染的治理提供科学的决策依据。

第二，农业非点源污染治理参与的主体非常多，包括中央政府、地方政府、企业、生产经营主体。中央政府是整个国家综合利益的代表者，在农业非点源污染治理过程中，以维护农业发展过程中相关主体的整体利益为导向，以综合利益为主，同时要兼顾稳增长、促收入、保稳定、提质量等方面。地方政府是农业非点源污染治理的实际行动者，是农业非点源污染治理的受托者和引导者。企业是农业环境友好型产品及技术的研发者和推广者，对农业非点源污染的防治有重要影响。农业生产经营主体是农业非点源污染的实际产生者和实际治理者。在市场经济中，农业生产经营主体各自承担市场盈亏和风险。作为有限理性“经济人”，在生产经营的过程中以追求成本最小化为原则。利益主体行为相互影响、相互制约，进而影响农业非点源污染治理效果。但本书仅分析了农户的化肥施用行为、养殖废弃物资源化利用行为、垃圾分类行为及污水治理支付行为。今后还可以进一步研究沱江流域农业非点源污染治理过程中，中央政府、地方政府、企业等利益主体的行为及其影响因素。

第三，本书中污染物的排放系数多采用或借鉴广泛成熟运用的系数，但难免存在一些偏差，由于学科的差异、时间的限制和笔者学术水平的限制，如需要通过实验来测算污染物排放系数的难度相对较大。

参考文献

[1] 曹文杰，赵瑞莹．国际农业面源污染研究演进与前沿——基于CiteSpace的量化分析［J］．干旱区资源与环境，2019，33（7）：1－9.

[2] Young R A，Onstad C A，Bosch D，et al. AGNPS：A Nonpoint Source Pollution Model for Evaluating Agricultural Watersheds［J］．Journal of Soil & Water Conservation，1989，44（2）：168－173.

[3] Ambus P，Lowrance R. Comparison of Denitrification in Two Riparian soils［J］．Soil Science Society of America Journal，1991，55（47）：553－560.

[4] Tim U S，Jolly R. Evaluating Agricultural Non－point Source Pollution Using Integrated Geographic Information Systems and Hydrologic/water Quality Model［J］．Journal of Environmental Quality，1994，23（1）：25－35.

[5] Carpenter S R，Caraco N F，Correll D L，et al. Nonpoint Pollution of Surface Waters with Phosphorus and Nitrogen［J］．Ecological Applications，1998，8（3）：559－568.

[6] Heathwaite A L，Quinn P F，Hewett C. Modeling and Managing Critical Source Areas of Diffuse Pollution from Agricultural Land Using Flow Connec Tivity Simulation［J］．Journal of Hydrology，2005，304（1）：446－461.

[7] Gassman P W，Reyes M R，Green C H，et al. The Soil and Water Assessment Tool：Historical Development，Applications，and Future Research Directions［J］. Transactions of the ASABE，2007，50（4）：1211－1250.

[8] James E，Kleinman P，Veith T，et al. Phosphorus Contributions from Pastured Dairy Cattle to Streams of the Cannonsville Watershed，New York［J］．Journal of Soil & Water Conservation，2007，62（1）：215－230.

[9] Meals D W，Dressing S A，Davenport T E. Lag Time in Water Quality Re-

sponse to Best Management Practices: A Review [J]. Journal of Environment Quality, 2010, 39 (1): 85.

[10] Vero S E, Basu N B, Van M K, et al. The Environmental Status and Implications of the Nitrate Time Lag in Europe and North America [J]. Hydrogeology Journal, 2018, 26 (1): 7 – 22.

[11] 杨林章，施卫明，薛利红，等．农村面源污染治理的“4R”理论与工程实践——总体思路与“4R”治理技术 [J]．农业环境科学学报，2013，32 (1): 1 – 8.

[12] 施卫明，薛利红，王建国，等．农村面源污染治理的“4R”理论与工程实践——生态拦截技术 [J]．农业环境科学学报，2013，32 (9): 1697 – 1704.

[13] Cai Y, Rong Q, Yang Z, et al. An Export Coefficient Based Inexact Fuzzy Bi – level Multi – objective Programming Model for the Management of Agricultural Nonpoint Source Pollution under Uncertainty [J]. Journal of Hydrology, 2018 (557): 713 – 725.

[14] 冯爱萍，吴传庆，王雪蕾，等．海河流域氮磷面源污染空间特征遥感解析 [J]．中国环境科学，2019，39 (7): 2999 – 3008.

[15] Chen Y. Numerical Simulation of the Change Law of Agricultural Non – point Source Pollution Based on Improved SWAT Model [J]. Revista de la Facultad de Agronomia Dela Universidad del Zulia, 2019, 36 (6): 1965 – 1975.

[16] Gburek W J, Sharpley A N, Heathwaite L, et al. Phosphorus Management at the Watershed Scale: A Modification of the Phosphorus Index [J]. Journal of Environmental Quality, 2000, 29 (1): 130 – 144.

[17] Ayub R, Messier K P, Serre M L, et al. Non – point Source Evaluation of Groundwater Nitrate Contamination from Agriculture under Geologic Uncertainty [J]. Stochastic Environmental Research and Risk Assessment, 2019 (2): 1 – 18.

[18] 耿润哲，王晓燕，焦帅，等．密云水库流域非点源污染负荷估算及特征分析 [J]．环境科学学报，2013，33 (5): 1484 – 1492.

[19] 谭心，李方敏，熊勤学．湖北省江陵县农业非点源污染负荷特征研究 [J]．长江大学学报（自然科学版），2018，15 (18): 41 – 46 + 5 – 6.

[20] 张芋茵，谭心，徐金刚，等．仙桃市农业非点源污染负荷时空分布特征研究 [J]．人民长江，2020，51 (8): 55 – 61.

[21] 马睿，程凯，郭莹莹，等. 基于SWAT模型的石汶河流域农业非点源氮污染时空分布特征研究［J］. 中国水土保持，2020（7）：61－64.

[22] 蒋金，安娜，张义，李珏，高乃云. 水文过程中降雨径流对非点源污染的影响（英文）［J］. Agricultural Science & Technology，2012，13（2）：380－383＋444.

[23] 李俊奇，戚海军，宫永伟，等. 降雨特征和下垫面特征对径流污染的影响分析［J］. 环境科学与技术，2015，38（9）：47－52＋59.

[24] 洪国喜，袁梦琳，尤征懿. 无锡市城区降雨特征对径流污染的影响分析［J］. 水文，2019，39（2）：33－38＋66.

[25] Tang Pan，Li Hong，Issaka Z，et al. Methodology Toinvestigate the Hydraulic Characteristics of A Water－poweredpiston－type Proportional Injector Used for Agricultural Chemigation［J］. Applied Engineering in Agriculture，2018，34（3）：545－553.

[26] 耿润哲，李明涛，王晓燕，等. 基于SWAT模型的流域土地利用格局变化对面源污染的影响［J］. 农业工程学报，2015，31（16）：241－250.

[27] 纪仁婧，洪大林，和玉璞，等. 南方低山丘陵区小流域不同土地利用方式下面源污染分布特征［J］. 水资源与水工程学报，2020，31（4）：181－185＋192.

[28] Arisekar Ulaganathan，Jeya Shakila Robinson，Shalini Rajendran，Jeyasekaran Geevaretnam. Pesticides Contamination in the Thamirabarani，A Perennial River in Peninsular India：The First Report on Ecotoxicological and Human Health Risk Assessment［J］. Chemosphere，2021（267）：147－181.

[29] 程铖，刘威杰，胡天鹏，等. 桂林会仙湿地表层土壤中有机氯农药污染现状［J］. 农业环境科学学报，2021，40（2）：371－381.

[30] 文方芳，张梦佳，张卫东，等. 北运河上游昌平区化肥面源污染年际间差异分析［J］. 环境科学学报，2021，41（1）：15－20.

[31] 高莹，孙喜军，吕爽，等. 陕西省化肥施用时空分异及面源污染环境风险评价［J］. 西北农林科技大学学报（自然科学版），2021，49（2）：76－83＋96.

[32] 丛宏斌，沈玉君，孟海波，等. 农业固体废物分类及其污染风险识别和处理路径［J］. 农业工程学报，2020，36（14）：28－36.

[33] Antle J M，Heidebrink G. Environment and Development：Theory and inter-

national Evidence [J]. Economic Development and Cultural Change, 1995, 43 (3): 603-625.

[34] Zhang T, Ni J, Xie D. Assessment of the Relationship between Rural non-point Source Pollution and Economic Development in the Three Gorges Reservoir Area [J]. Environmental Science and Pollution Research, 2016, 23 (8): 8125-8132.

[35] 陈栋,刘鹏凌.我国农业经济增长与农业面源污染关系的实证研究——基于1995—2015年的数据分析 [J].云南农业大学学报(社会科学版), 2018, 12 (3): 89-93.

[36] 尚杰,石锐,张滨.农业面源污染与农业经济增长关系的演化特征与动态解析 [J].农村经济, 2019 (9): 132-139.

[37] 闫明涛,马玉玲,乔家君.河南省农业经济增长与农业面源污染关系的探讨——基于EKC理论的实证分析 [J].河南大学学报(自然科学版), 2021, 51 (1): 12-19.

[38] 宋文杰,尹黎明,何香建,等.农业面源污染防控技术体系研究 [J].水利规划与设计, 2020 (1): 40-42+73.

[39] 吕晓,屈毅,彭文龙.农户化肥施用认知、减施意愿及其影响因素——基于山东省754份农户调查问卷的实证 [J].干旱区资源与环境, 2020, 34 (4): 46-51.

[40] Ma L, Feng S, Reidsma P, et al. Identifying Entry Points to Improve Fertilizer Use Efficiency in Taihu Basin, China [J]. Land Use Policy, 2014, 37 (2): 52-59.

[41] Zhang J, Manske G, Zhou P Q, et al. Factors Influencing Farmers' Decisions on Nitrogen Fertilizer Application in the Liangzihu Lake Basin Central China [J]. Environment Development & Sustainability, 2017, 19 (3): 791-805.

[42] 刘畅,张馨予,张巍.家庭农场测土配方施肥技术采纳行为及收入效应研究 [J].农业现代化研究, 2021, 42 (1): 123-131.

[43] Colman David. Ethics and Externalities: Agricultural Steward Ship and Other Behavior: Presidential Address [J]. Journal of Agricultural Economics, 1994 (45): 299-311.

[44] 宾幕容,文孔亮,周发明.湖区农户畜禽养殖废弃物资源化利用意愿和行为分析——以洞庭湖生态经济区为例 [J].经济地理, 2017, 37 (9): 185-191.

［45］唐洪松，彭伟容．多维资本对农户养殖废弃物资源化利用行为的影响研究——基于四川省沱江流域的调查数据［J］．黑龙江畜牧兽医，2020（18）：14－18.

［46］肖新成．农户对农业面源污染认知及其环境友好型生产行为的差异分析——以江西省袁河流域化肥施用为例［J］．环境污染与防治，2015，37（9）：104－109.

［47］龙云，夏胜．农业面源污染综合治理的农村居民参与研究——基于湖南省部分区域的田野调查［J］．南华大学学报（社会科学版），2020，21（4）：22－29.

［48］华春林，张灿强．多维社会资本视角下农户对农业面源污染治理机制的响应意愿研究［J］．广东农业科学，2016，43（9）：159－169.

［49］张维理，冀宏杰，Kolbe H，等．中国农业面源污染形势估计及控制对策 II. 欧美国家农业面源污染状况及控制［J］．中国农业科学，2004（7）：1018－1025.

［50］戈鑫，杨云安，管运涛，等．植草沟对苏南地区面源污染控制的案例研究［J］．中国给水排水，2018，34（19）：134－138.

［51］张雪莲，赵永志，廖洪，等．植物篱及过滤带防治水土流失与面源污染的研究进展［J］．草业科学，2019，36（3）：677－691.

［52］Li D，Zheng B，Chu Z，et al. Seasonal Variations of Performance and Operation in Field－scale Storing Multipond Constructed Wetlands for Nonpointsource Pollution Mitigation in A Plateau Lake Basin［J］．Bioresource Technology，2019，280（79）：295－302.

［53］朱金格，张晓姣，刘鑫，等．生态沟——湿地系统对农田排水氮磷的去除效应［J］．农业环境科学学报，2019，38（2）：405－411.

［54］李丽，王全金．人工湿地—稳定塘组合系统对污染物的去除效果［J］. 工业水处理，2016，36（7）：22－25.

［55］刘楠楠，迟杰，褚一威，等．高效旋流分离—生态砾间接触氧化联合装置处理初期雨水径流应用研究［J］．环境污染与防治，2019，41（9）：1043－1049.

［56］Shortle J S，Horan R D. The Economics of Non－point Pollution Control［J］．Journal of Economic Surveys，2001，15（3）：255－289.

［57］Fünfgelt J，Schulze G G. Endogenous Environmental Policy for Small Open Economies with Transboundary Pollution［J］．Economic Modelling，2016，57（9）：

294 – 310.

［58］郑云虹，刘思雨，艾春英．基于政府补贴的农业面源污染治理机理研究——从市场结构的视角［J］．生态经济，2019，35（9）：199 – 205.

［59］周志波，张卫国．环境税规制农业面源污染研究综述［J］．重庆大学学报（社会科学版），2017，23（4）：37 – 45.

［60］Camacho – Cuena E，R Equate T. The Regulation of Non – point Sourcepollution and Risk Preferences：An Experimental Approach［J］．Ecological Economics，2012（73）：17 – 187.

［61］Shortle J S，Horan R D. Policy Instruments for Water Quality Protection［J］. Annual Review of Resource Economics，2013，5（1）：111 – 138.

［62］左喆瑜，付志虎．绿色农业补贴政策的环境效应和经济效应——基于世行贷款农业面源污染治理项目的断点回归设计［J］．中国农村经济，2021（2）：106 – 121.

［63］周黎．农业面源污染防治法律机制创新研究——以甘肃省白银市为例［J］．学理论，2017（8）：114 – 116.

［64］杨育红．我国应对农业面源污染的立法和政策研究［J］．昆明理工大学学报（社会科学版），2018，18（6）：18 – 26.

［65］邓慧平，唐来华．沱江流域水文对全球气候变化的响应［J］．地理学报，1998（1）：43 – 49.

［66］蒋乾．沱江流域20世纪中后期径流变化分析［J］．内江师范学院学报，2012，27（12）：54 – 58.

［67］仇开莉，陈文德，彭培好，等．沱江流域内江段土壤有机碳与其他要素的相关性分析［J］．水土保持研究，2013，20（3）：28 – 31.

［68］李春艳，邓玉林，孔祥东，等．沱江流域不同土地利用方式紫色土有机碳储量特征［J］．水土保持学报，2007（2）：92 – 94 + 107.

［69］李婷，张世熔，刘浔，等．沱江流域中游土壤有机质的空间变异特点及其影响因素［J］．土壤学报，2011，48（4）：863 – 868.

［70］刘兴良，鄢武先，向成华，等．沱江流域亚热带次生植被生物量及其模型［J］．植物生态学报，1997（5）：50 – 63.

［71］陈文年，卿东红，张轩波．沱江流域马尾松、湿地松人工林小气候比较［J］．福建林业科技，2011，38（1）：19 – 22.

［72］陈文年，卿东红，张轩波．沱江流域两种人工针叶林群落结构比较

[J]. 广西植物, 2011, 31 (3): 357 – 363.

[73] 陈文年, 卿东红, 张轩波. 沱江流域人工针叶林演替系列的物种多样性 [J]. 重庆文理学院学报 (自然科学版), 2011, 30 (3): 30 – 33.

[74] 杜艳秀, 邵怀勇, 李波. MODIS 数据研究沱江流域植被 NDVI 对气候因子的响应 [J]. 环境科学与技术, 2015, 38 (S1): 368 – 372.

[75] 丁朝中. 省沱江流域污染防治技术讨论会在简阳召开 [J]. 四川环境, 1983 (1): 39.

[76] 徐富华. 沱江水系污染与防治的初探 [J]. 四川环境, 1982 (Z1): 49 – 59 + 73.

[77] 吴怡, 邓天龙, 徐青, 郭亚飞. 沱江流域 Pb、Cd 的环境污染化学行为研究 [J]. 广东微量元素科学, 2010, 17 (9): 22 – 28.

[78] 李佳宣, 施泽明, 郑林, 等. 沱江流域水系沉积物重金属的潜在生态风险评价 [J]. 地球与环境, 2010, 38 (4): 481 – 487.

[79] 王新宇, 施泽明, 倪师军. 四川清平磷矿开发对沱江水系的铀贡献 [J]. 矿物学报, 2013, 33 (S2): 711 – 712.

[80] 林清, 施泽明, 王新宇. 沱江流域上游水系沉积物重金属元素空间分布特征及环境质量评价 [J]. 四川环境, 2016, 35 (4): 29 – 35.

[81] 范兴建, 朱杰, 薛丹, 等. 沱江流域资阳段水环境容量计算与分析 [J]. 水资源与水工程学报, 2009, 20 (3): 54 – 57.

[82] 刘霞, 徐青, 史淼森, 等. 沱江流域沉积物中氮赋存状态及其垂向分布特征 [J]. 岩矿测试, 2018, 37 (3): 320 – 326.

[83] 孟兆鑫, 李春艳, 邓玉林. 沱江流域生态安全预警及其生态调控对策 [J]. 生态与农村环境学报, 2009, 25 (2): 1 – 8.

[84] 谢贤健, 兰代萍. 基于因子分析法的沱江流域地表水水质的综合评价 [J]. 安徽农业科学, 2009, 37 (3): 1304 – 1306.

[85] 杜明, 柳强, 罗彬, 等. 岷、沱江流域水环境质量现状评价及分析 [J]. 四川环境, 2016, 35 (5): 20 – 25.

[86] 余恒, 陈雨艳, 李纳, 杨坪. 岷、沱江流域跨界生态补偿断面水质监测与资金扣缴情况分析研究 [J]. 环境科学与管理, 2015, 40 (5): 115 – 118.

[87] 兰代萍, 谢贤健. 沱江流域产业结构与土地利用结构的关系研究 [J]. 内江师范学院学报, 2013, 28 (2): 43 – 47.

[88] 王海力, 韩光中, 谢贤健. 基于多源遥感数据和 DEM 的沱江流域人口

分布与地形起伏度关系研究［J］．云南大学学报（自然科学版），2017，39（6）：1001－1011.

［89］谢贤健．沱江流域城市化水平的综合评价及其时空演化特征［J］．安徽农业科学，2011，39（22）：13773－13776.

［90］刘志英．论抗战时期四川沱江流域的制糖工业［J］．内江师范学院学报，1998（3）：51－56.

［91］朱英，赵国壮．试论四川沱江流域的糖品流动（1900—1949）［J］．安徽史学，2011（2）：70－77.

［92］胡丽美．浅析抗战前后“整体经营”模式下的内江蔗糖业［J］．内江师范学院学报，2007（5）：114－117＋121.

［93］赵国壮．二十世纪三四十年代四川沱江流域蔗农农家经营模式研究［J］．近代史学刊，2010（1）：115－138.

［94］胡芸芸，王永东，李廷轩，等．沱江流域农业面源污染排放特征解析［J］．中国农业科学，2015，48（18）：3654－3665.

［95］唐洪松．沱江流域畜禽养殖污染物排放强度及环境风险［J］．内江师范学院学报，2020，35（4）：72－78.

［96］唐洪松，李倩娜．沱江流域农户养殖废弃物治理意愿研究［J］．天津农业科学，2020，26（1）：46－49.

［97］田若蘅，黄成毅，邓良基，等．四川省化肥面源污染环境风险评估及趋势模拟［J］．中国生态农业学报，2018，26（11）：1739－1751.

［98］张福锁，王激清，张卫峰，等．中国主要粮食作物肥料利用率现状与提高途径［J］．土壤学报，2008，45（5）：915－924.

［99］刘钦普．江苏氮磷钾化肥使用地域分异及环境风险评价［J］．应用生态学报，2015，26（5）：1477－1483.

［100］姚升，王光宇．基于分区视角的畜禽养殖粪便农田负荷量估算及预警分析［J］．华中农业大学学报（社会科学版），2016（1）：72－84＋130.

［101］Grossman G M，Krueger A B. Environmental Impacts of A North American Free Trade Agreement［R］. Massachusetts Ave：National Bureau of Economic Research，1991.

［102］陈勇，冯永忠，杨改河．陕西省农业非点源污染的环境库兹涅茨曲线验证［J］．农业技术经济，2010（7）：22－29.

［103］陈延斌，董大朋，陈才．山东省经济增长与环境污染水平关系的计量

研究［J］．地域研究与开发，2011（5）：50－54.

［104］许广月，宋德勇．中国碳排放环境库兹涅茨曲线的实证研究——基于省域面板数据［J］．中国工业经济，2010（5）：37－47.

［105］吴开亚，刘晓薇，朱勤，等．安徽省经济增长与环境压力的脱钩关系研究——基于物质流分析［J］．地域研究与开发，2012（4）：29－33.

［106］吴文洁，韩伟．基于低碳理念的陕西能源消费结构调整探析［J］．商业时代，2011（11）：137－138.

［107］高标，许清涛，李玉波，等．吉林省交通运输能源消费碳排放测算与驱动因子分析［J］．经济地理，2013（9）：25－30.

［108］王媛，李传桐．基于EKC的农业污染与经济增长的关系分析——以潍坊市为例［J］．山东工商学院学报，2014（1）：48－52.

［109］王凯，李泳萱，易静，等．中国服务业增长与能源消费碳排放的耦合关系研究［J］．经济地理，2013（12）：108－114.

［110］杨嵘，常烜钰．西部地区碳排放与经济增长关系的脱钩及驱动因素［J］．经济地理，2012（12）：34－39.

［111］张宁，左丽，陈彤，张澜，董宏纪．基于Probit模型的干旱地区智慧水利建设与农村多元主体参与意愿实证分析［J］．新疆农业科学，2020，57（12）：2340－2350.

［112］周琰，田云．家庭资源、社会资源与农户外出务工行为——基于湖北农村的调查数据［J］．四川农业大学学报，2021（1）：1－14.

［113］肖钰，齐振宏，杨彩艳，刘哲．社会资本、生态认知与农户合理施肥行为——基于结构方程模型的实证分析［J］．中国农业大学学报，2021，26（3）：249－262.

［114］马鹏超，朱玉春．河长制背景下制度能力对村民水环境治理决策行为的影响——基于Double－Hurdle模型［J］．中国农业大学学报，2021，26（4）：201－212.

［115］黄炎忠，罗小锋，刘迪，余威震，唐林．农户有机肥替代化肥技术采纳的影响因素——对高意愿低行为的现象解释［J］．长江流域资源与环境，2019，28（3）：632－641.

［116］曹慧，赵凯．农户化肥减量施用意向影响因素及其效应分解——基于VBN－TPB的实证分析［J］．华中农业大学学报（社会科学版），2018（6）：29－38＋152.

［117］谢贤鑫，陈美球，李志朋，等．农户生计分化与化肥施用行为——基于江西省 1421 户农户的调研［J］．中国农业资源与区划，2018，39（10）：155－163.

［118］赵喜鹏，郝仕龙，张彦鹏．生态敏感区清洁小流域农户施肥行为调查研究［J］．人民黄河，2018，40（11）：97－101.

［119］张静宇，孙雅楠，王扬洋．要素投入过程中农民认知与行为的一致性研究——以江苏省水稻种植化肥施用为例［J］．农村经济与科技，2016，27（15）：15－17.

［120］左喆瑜．农户对环境友好型肥料的选择行为研究——以有机肥及控释肥为例［J］．农村经济，2015（10）：72－77.

［121］赵会杰，胡宛彬．环境规制下农户感知对参与农业废弃物资源化利用意愿的影响［J］．中国生态农业学报（中英文），2021，29（3）：600－612.

［122］王火根，肖丽香，黄弋华．农户生态环保意识对农业废弃物资源化利用的影响机制研究［J］．农林经济管理学报，2020，19（6）：699－706.

［123］唐洪松，彭伟容．多维资本对农户养殖废弃物资源化利用行为的影响研究——基于四川省沱江流域的调查数据［J］．黑龙江畜牧兽医，2020（18）：14－18.

［124］李乾，王玉斌．畜禽养殖废弃物资源化利用中政府行为选择——激励抑或惩罚［J］．农村经济，2018（9）：55－61.

［125］宾幕容，文孔亮，周发明．湖区农户畜禽养殖废弃物资源化利用意愿和行为分析——以洞庭湖生态经济区为例［J］．经济地理，2017，37（9）：185－191.

［126］贾亚娟，赵敏娟．生活垃圾污染感知、社会资本对农户垃圾分类水平的影响——基于陕西 1374 份农户调查数据［J］．资源科学，2020，42（12）：2370－2381.

［127］唐洪松．农村人居环境整治中居民垃圾分类行为研究——基于四川省的调查数据［J］．西南大学学报（自然科学版），2020，42（11）：1－8.

［128］张书赫，王成军．农户参与农村生活垃圾分类处理行为机理研究［J］．生态经济，2020，36（5）：188－193＋199.

［129］王瑛，李世平，谢凯宁．农户生活垃圾分类处理行为影响因素研究——基于卢因行为模型［J］．生态经济，2020，36（1）：186－190＋204.

［130］毛馨敏，黄森慰，林晓莹．农户生活垃圾分类处理行为研究——基于

闽皖陕调研数据［J］．中南林业科技大学学报（社会科学版），2019，13（6）：60－66.

［131］苏淑仪，周玉玺，蔡威熙．农村生活污水治理中农户参与意愿及其影响因素分析——基于山东 16 地市的调研数据［J］．干旱区资源与环境，2020，34（10）：71－77.

［132］方正，李莉，严金凤．农村生活污水治理农户出资意愿的影响因素研究——以新疆玛纳斯县为例［J］．资源开发与市场，2020，36（5）：522－525.